U0181000

UNDERSTANDING YOUR EATING:
HOW TO EAT AND
NOT WORRY ABOUT IT

吃掉情绪？
和食物的斗争

[英] 茱莉亚·巴克罗伊 著

王巍霓 译

格致出版社　上海人民出版社

名家推荐

紊乱的进食行为的表现非常常见。我们谁没有担心过体重、体形，或在某个阶段尝试减肥呢？即使一个人的表现不满足进食障碍的诊断标准，但它们仍然会带来很多困扰、忧虑，并且让人很难保持一个稳定、健康的体重。本书提供了如下话题的深入探讨：食物和进食是如何被滥用的？它们又是如何成为情绪的应对方式的？本书基于多年的临床实践以及相关领域的研究，向读者提供了最新的、专业的建议。通过向读者提供自我反思练习，这个主题为读者带来新的活力，并使他们开始对自己的问题有所觉察。茱莉亚·巴克罗伊将这些融合在了这本平易近人的书里。我非常推荐大家阅读本书。

——海伦娜·福克斯（Helena Fox）博士，英国《超大号与超小号》节目的临床精神科医生、卡皮奥

南丁格尔医院进食障碍精神科医生

要了解自己的进食行为，你首先需要了解自己。这本很好读的小册子，将帮助你抽身出来，以一种舒适的方式去探索"你是谁"和"是什么影响了你的进食习惯"这两个问题。对于每一个为紊乱的进食行为问题所困扰的人，以及需要就这个主题了解更多的健康专业人士来说，它将给你带来启发。

——伊恩·坎贝尔（Ian Campbell）博士，英国全国肥胖论坛创始人、《超级减肥王》《机会巨大》节目的医学顾问

我真的非常享受阅读本书的感觉。它显然反映了我在帮助人们理解进食问题的来源时所采用的方法。我觉得，本书对于那些尝试改进自己与食物的关系的人来说，很有参考价值。它对于这个主题的阐述非常直观，很好阅读。我会向我的来访者推荐它。

——厄休拉·菲尔波特（Ursula Philpot），英国《超大号与超小号》节目中的营养师、利兹都会大学资深讲师

如何才能与食物和进食发展出健康的关系，对于很多人来说都是一个极大的挑战。如果你对食物和进食的意义感兴趣，或者

想知道为什么总是减肥失败，以及该如何摆脱糟糕的进食习惯，那么我非常推荐这本书。它对于那些正在与食物缠斗的人来说，必不可少。当然，对于那些喜欢分享生活，以及那些在该领域工作的专业人士来说，这本书也同样值得一读。

——约翰·麦克劳德（John McLeod），邓迪阿伯特大学心理咨询专业教授

致　谢

距离本书第一次出版已过去 20 多年。这期间，有许多朋友提供了很多帮助，促成了我对失调性进食的不断深入学习和理解。这里，我想要对他们中的一些人表示特别感谢。

在 2002 年到 2007 年这五年间，我和 Sharon Rother 的合作研究，非常高效且充满热情，我们出版了两本书并发表了一系列论文。关于失调性进食大多数的理论研究与临床经验，都得益于那个阶段开展的团体活动，特别是 Carol Bush、Jo Coker、Sue George、Carole Green、Diane Redfern 这些非常棒的团体带领者，大大促进了我对肥胖的理解。

Janet Biglari 和 Sevim Mustafa 让我对减脂手术及其心理含义有了更为深刻的认知与理解，我期待未来有更多这方面的临床和研究。

从所带领的失调性进食专业的研究生（特别是 Sarah Barnett 和 Deborah Seamoore）身上，我学到了很多。同时，那些前来寻求我督导的同行们，特别是 Marian Brindle、Jenny Heron、Deborah Meddes，向我展示了他们的很多临床工作，也一直让我充满思考。

我也非常感谢那些相关领域的同事们对我工作的帮助，特别是营养学专业的 Jean Hughes 博士，以及熟知进食障碍并精通统计的 Nick Troop 博士。

对赫特福德大学，我亦充满感激。在这 10 余年的时间里，校方允许我对失调性进食开展持续的研究，并且让我有机会成立肥胖与进食障碍研究中心。正是因为有了如此慷慨的支持，才让我有可能实现很多研究项目以及本书中提到的很多构思。

当然，最需要感激的人，是 25 年来我接触到的无数来访者。他们对我无比信任，并愿意告诉我他们的故事。也是从他们身上，我学到了几乎所有目前所了解的专业知识。有些来访者的案例是我直接摘自本书之前的版本。当然，所有这些案例都得到了相关人员的特别许可，并且隐匿了一些关键信息。也有很多案例是不同来访者故事的叠加，这样就避免了具体的指向性。所有这些案例都反映了来访者的一种真实状态，以及在某些情境下他们需要用食物来帮助他们管理自己的生活。

前　言

　　这本书的早期版本为《吃出你的心》*（*Eating Your Heart Out*，1989），其中的内容主要基于我从 1984 年至 1989 年在伦敦当代舞蹈学院（LCDS）的工作经验。而在 1996 年的第二版中，我加入了之后五年间个人执业过程中与进食失调的来访者工作的咨询经验。我收到了很多读者的积极反馈和评论。这本书一度脱销，很多人都在催我准备一个新版本。而现在这本书，不仅仅是新版本的《吃出你的心》，它更是我对进食障碍理解的一次回顾，因此也有了新的书名《吃掉情绪?——和食物的斗争》。在第一版的时候，

---

* eat your heart out，有极为悲伤与"你就嫉妒吧"之意，此处选择直译，主要为取其双关，体现用吃来填补内心的空洞，即吃是心的需求。第 8 章章名保留了这一直译，用意同上。——译者注

我已经意识到进食障碍常常是先前情绪创伤的结果。而从 1989 年出版第一版以来，关于一个人早期经验对之后人生的影响已积累了大量的深入研究——这些发现被统称为"依恋理论"。这本书的再版也试图用这些理论来解释一个人的进食障碍。我主张进食障碍是对情感创伤的一种反应，但更准确地说，是那些早期经历不太好的人，没有发展出足够的能力来面对人生困境，因此发现食物可以给他们带去抚慰，调节消极情绪。关于这方面的这些见解，我非常感谢神经科学家和依恋理论方面的研究者的超前工作，特别是 Allan Schore、Daniel Stern、Peter Fonagy，以及他们的翻译 Sue Gerhardt。

这本书相对之前的第二个主要变化是，我采用了一个越来越多人认可的共识，那就是很多进食行为虽然并没有被明确诊断为进食障碍，但却给人们带来了巨大的痛苦和焦虑。所以，在这本书中，我提出了失调性进食，希望可以囊括更多人的问题。

第三个主要的变化是，这本书里的大量研究都提到了，几乎一半的肥胖人群和食物之间的关系只能用"失调"来形容。而在此之前，这常常被粗暴地概括为"暴食症"，并没有尝试着从心理学角度去为那些明显过度肥胖的人群提供帮助。我希望这本书可以做些什么来改变这种情况。

目　录

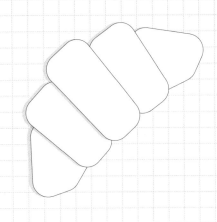

PART

1

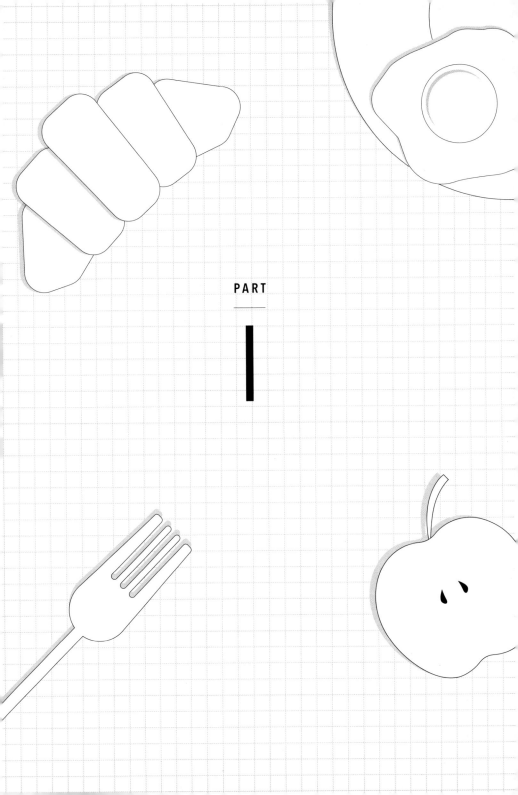

PART

I

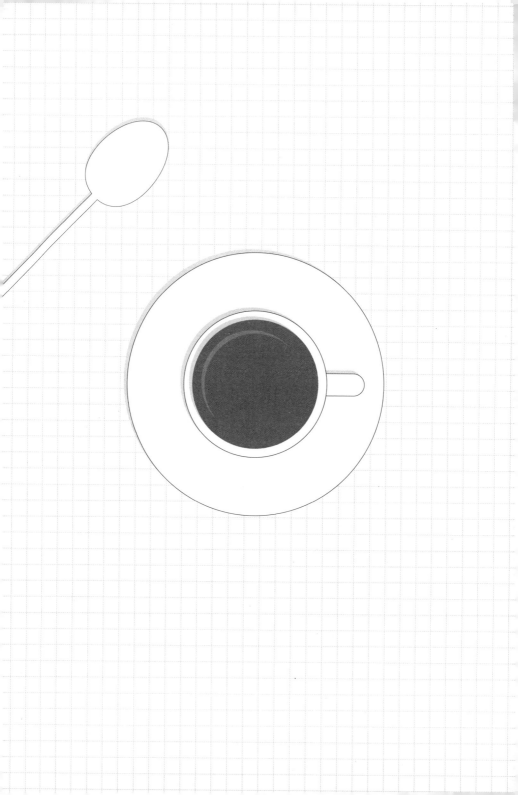

引　言

　　本书的目标读者是那些因为无法掌控自己的进食行为而感到担忧的人群。尽管无法掌控自己的进食行为会以多种多样的形式呈现，但我把它们统称为"失调性进食"。可能你并没严重到被诊断为"进食障碍"，但却因为自己的进食行为而感到沮丧，那这本书可能会对你有所帮助。随着食物的价格不再昂贵，很多人开始吃得比实际需要的更多。为了消除这种过度进食带来的不良后果，人们只好节食或费力调整自己的进食行为。我们无休止地担心着自己的体重、体型和穿衣尺寸，让自己陷入了与食物需求无尽的"斗争"当中。大多数人都知道哪些食物对健康并没有什么好处，但仍然不能好好改善饮食结构。我们很多人都学会了计算卡路里；尽管我们都大概知道自己该吃点什么，却很少有人能这么吃，很多人甚至将生命里大量的时间花费在担心自己吃了太多上。在一个食物相对于过去富足得多的社会文化背景下，这种忧虑十分常见。实际上，在20世纪60年代以前，食物仍是一种相对稀有且珍贵的资源。直到最近50年，食物对于西方发达国家来说才变得便宜并且随处可得。然而，我们逐渐发现大多数人难以适应并管理这种改变。例如在英国，多数人现在都面临超重问题。

很多人都有这样艰难的经历：虽然我们都知道应该吃点什么，却很难管理好自己的饮食结构。很多人不断沉浸在对食物、体重、体形和穿衣尺寸的焦虑中，以至于这些担心干扰了日常的社会功能，也影响了生活享乐。这与那些单纯因为担忧而变得更加自控的常见焦虑截然不同。这一被严重困扰的人群大致可分为三类：第一类人吃得其实不那么多，但他们仍然担心会因为吃太多而变胖；第二类人吃了太多，但会采取呕吐、清肠或者挨饿等手段来减轻因进食而产生的后果；第三类人一旦开始吃就停不下来，或者吃太多之后却不能用其他方式消耗掉，以至于变得超重或过度肥胖。本书主要是为以上这三类人群提供帮助；当然，也适用于其他有着比较奇怪的进食行为并因此而感到担忧的人群。比如，有些人咀嚼完食物就要吐掉，有些人只要有他人在场就无法进食，还有些人只会食用固定的那几样食物……总之，如果你对"吃"感到困扰，本书就值得一读。

如果不是你自己而是你的家人或者朋友有"吃"方面的困扰，本书也不妨一读。很多人看到自己关心的家人或朋友因为进食问题而痛苦挣扎，会很担心他们的身体健康和情绪状态。如果你正处于以上两种情况，可能早就发现那些所谓的好建议根本没用，甚至会让情况变得更加糟糕，你也可能发现他们根本无法和你讨论关于食物和体重这样的议题。对此，你很想施以援手，却不知如何下手，并因此而非常绝望。我希望本书可以让你更好地理解"失调性进食"这个现象，并协助你去真正帮助你的家人或朋友。

本书对一线的专业人士也会有所帮助，他们有时候会面对具有失调性进食行为的病人或来访者而不知如何提供帮助。我能想到的就有饮食学家、保健员、临床护士、护理糖尿病人的护士、学校护士、心脏康复专家、运动专家、教师、社工，以及那些会和滥用食物的人群打交道的人士。本能可能建议你直接把这些人转介给专业机构，但你可能也早就发现，除非他们真的已经严重到可以被临床诊断为进食障碍，否则很难真正得到专业的帮助。对于那些超重的人来说，你可能发现他们得到的帮助无非就是一些平常的饮食建议，或者一些商业性的减肥计划。我希望这本书可以向你提供一个理解失调性进食的概念框架，以及如何与这些人群工作的策略；不过，如果有需要，还是得和他们的专科医生联络。

当然，在本书中穷尽所有关于失调性进食的情况是不可能的，所以你可能在书中无法找到自己碰到的问题。我并没有直接讨论如何改变你的饮食摄入，很多书已经对此有了很详细的介绍。我仅仅是提及了一些改善认知行为的技巧来改变你的进食行为和与食物相关的思维模式，因为也有很多书专门来谈这些策略。本书中我最多涉及的是如何理解自己的进食行为。有些治疗师或者研究者会认为这些并不重要，觉得最重要的是立刻改变你的行为。我同意最终的目标一定是要有所改变，但在和我一起工作过的人身上，我看到的事实却是：想要让改变发生，很重要的第一步就是理解自己的进食行为。如果你认同这一点，本书应该很适合你阅读。

本书第 1 章详细描述了我是如何得出这些结论的。我也仔细探讨了一些有过此类问题以及正在被其困扰着的经历背后更详细的含义。第 2 章探讨的是食物的议题及其对于我们的重要性。第 3 章讲述了很多受困于"失调性"情境的故事。如果你更想从第 3 章开始阅读，可以直接跳过前面两章，这些都由你自己来决定。只是在第 1 章当中，有一些非常重要的基本练习，我希望可以帮助你理解是过去的哪些经历，会让你养成向食物寻求慰藉的习惯。你可能需要这些练习，哪怕不想阅读相关的一些细节。

在阅读本书的过程中，我强烈建议你可以在那些和你相关的内容上暂停下来，做做练习。如果你不想写下来，那就不必写，但这些会帮助你思考，你的个人境遇是如何让你形成"失调性进食"的。

本书的观点并不只是让你更好地了解自己的进食习惯，更多的是帮助你逐步调整使用食物作为工具的方式，以应对和建设更好的自己。从开始读这本书起，你可能会慢慢发现这并不是一个特别轻松的过程，尤其是独自面对这个问题的时候。你可能希望在与食物建立更好关系的过程中，能有个伙伴来陪伴你。如果你可以找到这样一个人陪伴你，愿意倾听而不是评判你，这个过程或许会变得容易很多。这个陪伴你的人，可能是你的亲人、信任的朋友（如果你仍未成年，这个人最好比你年长）或者是和你同属于某个组织的人。抑或，你可以为自己找一位咨询师，与你就本书中提到的议题进行探讨。如果你是一名学生，可以寻求学校心理咨询中心的帮助；很多全科医生也会有门诊时间来提供短程的心理咨询服务；很多社区卫生服务中心也会提供低价甚至免费的帮助。你也可以在英国心理咨询与心理治疗协会（BACP）的网站上找到这些机构列表，在一些目录里也可以查到——第12章在资源方面可以提供给你更多的选择。（如果你是作为一个提供帮助的朋友的身份来读本书的话，我建议你的阅读进度和向你求助者的进度保持一致，另外你可以先阅读第12章中的"非专业助人者的指南"，这可能对了解状况更有帮助，也能帮你更好地回应求助者的需求。）

让我们回到本书主要的读者群，即那些有进食问题的人。我知道你们对食物、体重、体形和穿衣尺寸有所担忧，但我还是希望你能接纳自己对此感到挫败，就算没有人对此作出官方诊断。关键的问题在于，你对自己的进食方式已经感到十分不适。这是我为什么会使用"失调性进食"这个表达的原因。相对于"失调性进食"，"进食障碍"指的是那些已经符合国际诊断标准的行为，这部分人的占比相对不高。如果你想要了解更多相关信息，可以在第 12 章里找到更确切的内容。

在英国，关于"进食障碍"的诊断被用来评估你将得到怎样的帮助，但有很多人的进食问题只具有诊断特征的一部分，而不是全部。比如，你只是严格限定了自己的饮食摄入量，尽量避免任何的脂肪摄入。你可能只吃有限种类的食物。这种生活方式给你带来了很大的压力，让那些和你生活在一起的人也倍感苦恼，特别是到最后，压力会让你的体重越来越轻；但是如果你的体重没达到诊断标准，你就不会被定义为"厌食症"，因此除非愿意自掏腰包，否则你不太可能获得专业的帮助。又或者，你一边大吃大喝，一边要靠催吐来保持体重。你可能会对自己这样的行为感到非常担心和沮丧。当这些行为被你的家人或朋友发现时，他们也会变得非常紧张和担忧。但如果你不符合这些诊断描述，也就不会被归类为进食障碍患者。或者，你经常大吃大喝、毫不节制，以至于变得非常肥胖，尽管在 DSM-4[1] 有所涉及，但很少有健康专家会把你认定为进食障碍患者，更别说得到专业的帮助了。如果你不觉得自己毫不节制，但事实上总是过度进食，或者一天到晚不停地吃，你也不符合这些诊断，但这并不意味着你不会对自己的进食行为感到痛苦。这也许就是你此时此刻正在看这本书的原因。

诊断的价值，并不仅仅因为它们会被用来评估患者将得到怎样的帮助。在医疗领域，诊断的重要性更在于它可以去区分是否患有其他病症，而不同的病症则需要不同的诊疗，这才是非常重要的。你觉得自己胸闷，如果这是和心脏有关，那么你得到的治疗就会远远不同于因为非常焦虑而导致的胸闷。如果你是因为偏头痛而感觉到剧烈头疼，治疗也会远远不同于因脑血管出血而导致的头疼。长期以来，到底这种医疗方式是否有效，在精神卫生界和情绪问题界都有很大的争论。同样，在进食问题上，争论也很激烈。

我先来说说我的看法。最近有篇文章证实了治疗师长久以来的一个疑虑：有些人的饮食确实存在很大问题，但与进食障碍诊断所呈现的特征却不是那么密切吻合。我们早就知道三分之一的贪食症患者，在一开始是可能会被诊断为厌食症的。我们也怀疑一些人是由厌食症变成了贪食症，才开始大吃大喝、无所节制。而现在已经被清晰地证实，进食障碍不是某种固定症状，完全可能会改变。数据显示，在英国，到大型进食障碍诊所就诊的人，近一半并没有被诊断为厌食症或贪食症，而是被划拨到未有特殊说明的进食障碍范畴（EDNOS）。从这个诊断的名字也可以看出，专家们迫切想要区分不同形式的进食障碍。一些理论家认为，我们应该对进食障碍有更细致的分类，但我更赞成另一些人的观点，即我们更应该把进食障碍的不同形式看作相同病症的不同方面。[2]

相比把一个人按照诊断结果进行分类，更重要的是，你能对自己与食物的病态关系有所认知。特别是现有的治疗基本都是针对一种或两种病症的，所以疗效也相当有限。在我看来，治疗的核心问题不是"你到底是怎样进食的"，而是"你进食的方式背后有怎样的意义"。当然，你最好能够了解针对不同类型的进食障碍有哪些推荐的治疗方式。关于这个议题，你可以在第 12 章找到一些信息。

似乎厌食症和贪食症对女性的影响要远远大于男性，但我们不清楚强迫性进食和暴饮暴食的情况是否也是如此。但可以确定的是，无论男性还是女性，其肥胖的数据几乎不存在差异。另外可以确定的是，至少在过去，女性更加紧张和担心自己的体重、体形和穿衣尺寸。近些年来，男性，特别是年轻男性，也和女性一样，慢慢开始感受到对于外表的压力。从我的临床经验来看，因进食行为而来的来访者中，女性的比例要远远超过男性，参加我的工作坊或者讲座的人群里，只有 10% 是男性。在我举出的例子中，虽然不是全部，但大多数都是基于女性的，所以我经常用"她"而不是"他"。我也曾考虑过如何在本书中解决这个问题，所以我专辟了一个章节来阐述男性的失调性进食问题，以给到男性读者足够的时间和空间来审视自身的情况。在大多数情况下，本书对于男性和女性同样适用，但可能男性在我讲的故事里会相对更难找到自己的影子。

最后，在我们真正开始阅读本书之前，还有一件特别重要的事情。可能有些人想要看看我所说的东西背后的理论依据，或者想要就这个议题有进一步的阅读。有些人可能希望看到所有我说的东西是有根据的，而不是我编造出来的。基于这些原因，我列举了很多关于失调性进食的参考文献。我提到的很多出版物都可以在大学网站上查询得到；或者你可以通过网络利用谷歌学术（Google Scholar）来找到强大的数据库。即便无法得到整篇文章，你也可以读到摘要，能大致清楚它讲了些什么。当然，这些文献一直都在更新和变化，如果你希望了解更多，可以搜索数据库找到更多其他的材料。

失调性进食与食物的使用

和食物有关的问题

在当下高度发达的后工业化时代里，我们大多数人往往很难和食物保持恰当的关系。在英国，大约55%的女性和65%的男性存在超重的情况，近25%的人群有肥胖的问题，约2%的人群存在着病态或过于肥胖的情况。[1]只有很小比例的人群会被诊断为进食障碍。数据也许稍有不准，但在12—25岁的年轻女性群体中，近1%的人患有神经性厌食症，近1.5%—2%的人有神经性贪食症。相比女性群体中厌食症的盛行，男性的这个比例预计是女性的十分之一。[2]而更多的人，无论是男性还是女性，和食物之间的关系总没有那么容易。研究显示，很多肥胖人群都存在暴饮暴食问题[3]，很多人都在因为食物而焦虑，并因此导致他们严格控制饮食，或采用非同寻常的、病态的甚至强迫行为来对待食物。

如何理解这些行为呢？是不是存在遗传因素让我们当中的一些人更难进行合理的饮食管理呢？失调性进食常常看起来在人们的自控范围之外，所以就有了很多研究尝试来探讨它到底是基因的问题，还是环境的产物。我们先来看看厌食症。厌食症的典型行为是严格控制饮食（虽然严格控制饮食在那些没有被诊断为厌食症的人群里也很常见），之所以说严格控制饮食不太寻常，是因为我们大多数人都会感觉很难控制食物摄入量。通常我们只有在伤心难过的时候，比如在一段关系破裂之后，或者在害怕被裁员的情况下，胃口才会比较差，而大多数时间里，暴饮暴食、过度进食对我们来说才是需要解决的大问题。正因为严格控制饮食本身就很难做到，我们用了大量的精力来研究厌食行为的存在是否可能和基因有关。而到现在，答案仍然不确定，只能说："嗯，那是有可能的。"双生子研究也发现在同卵双胞胎中，双胞胎共同有这个问题的情况确实比较多。随着对厌食症有更多的了解，研究发现有着某些人格特质的人会更容易得厌食症，而人格特质很大程度上来源于遗传，特别是对"瘦"有很高的追求甚至是着迷的人会有更高的风险。但我们也知道，基因只是提供了可能性，而环境的作用则是把这种可能性变成了现实，所以哪怕是那些有着高风险基因的人，也会因为环境的作用（尤其是一个人的早期生活）增加或降低这些问题出现的风险性。[4]

　　当说到过度进食，很明显的是我们大多数人都遗传了这样的能力，可以一次性吃好多东西，而长胖非常容易，要减肥却特别艰难。[5]这样一种特质，在我们现在这样一个物资非常丰富的社会很不受待见，但在过去人类历史的大多数时间里，物资供给相对匮乏。在英国，也是从20世纪60年代开始，食物才变得如此丰富且不再昂贵，才开始没人会挨饿。可能对我们来说有些不可思议，但在19世纪的英国，仍有好多人死于饥饿。[6]所以那时候大多数人都是靠他们可以在食物充沛的时候一次性吃很多东西并且迅速长肉才得以活下来。从基因的角度来说，这些活下来的人就给我们留下了这样的基因。所以对我们来说，正是因为有这样的特质，我们似乎很容易像有上顿没下顿一样吃很多，且很容易长胖。当然，我们也知道有些人是那种"吃了一头牛仍然不长肉"的类型。他们通常又高又瘦；我有个大胆的猜想，就是他们的祖先在前农业时期是在外狩猎的，整天都在奔跑，但遗憾的是，看起来并没有很多人拥有这种基因组成，很可能是因为这样的大多数人都没活下来。讽刺的是，在我们这样的时代，他们这样的人大概是活得最好的，因为我们其余的大多数人在吃了很多东西之后，都在苦苦挣扎怎样才能恢复到过量进食之前的体重。

在与食物建立合适的关系上，我们做了很大的努力，但在这样的时代，食物前所未有地充裕，以及比起过去任何一个时期都要便宜得多，这样一来，人类过去做出的努力很大程度上都白费了。只有当食物是很稀有时，这样的特质才显得珍贵，我们才会很用心地对待食物，合理使用。超重在那个时代意味着富足。而现在，当食物变得那么便宜并且唾手可得时，它就被我们用作各种各样的目的——作为娱乐游戏（例如大胃王冠军）或者艺术形式［例如赫斯顿·布卢门撒尔（Heston Blumenthal）把美食分解到分子水平］。并且，我们总要那些最好的，所以我们会很浪费，基本上三分之一的水果和蔬菜都因为表面不好看而被扔掉。[7] 另外也常常因为我们买了太多，之后却不太需要或不喜欢，又扔掉了三分之一。[8] 因此，我们选择了食物的使用方式。其中一种即抚慰我们自己——我们甚至创造了一种说法，也就是"安慰性进食"（comfort eating）。

情绪性进食

尽管本书承认，基因遗传以及如今食物的充裕，让我们在处理与食物的关系上不容易保持冷静与理性，但最大的关注点还是我们的情绪性进食。在过去的 50 年间，食物已经成了一种应对机制，来帮助我们度过艰难的一天，特别是当我们不开心的时候，充裕的食物抚慰着我们，让我们没那么不安，或者用来奖励我们自己。然而，据我所知，几乎世界各地都存在把食物作为情感性用途的情况。比如，我们都很熟悉，食物可以用来纪念那些重大的人生事件：婚礼、葬礼、孩子的出生、成年礼等。这已经持续了几千年。现在食物越来越充裕，所以我们几乎在所有社交场合、各种开心或不开心的事情上，都用食物来点缀。很少有人参加聚会时不吃吃喝喝，再怎样都会搭配茶和饼干。我们也意识到，有一些情况会让一些人吃不下东西：焦虑、抑郁或悲痛。换句话说，情绪性进食是很寻常的，并且很可能由来已久，几乎我们所有人都在一定程度上有过类似的经历。[9]

其实这并没有什么问题，但是当我们滥用食物时这就变成了问题，这时候我们就要考虑自己到底发生了什么事情。不幸的是，对我们大多数人来说，在使用食物来帮我们处理情绪问题的同时，食物也变成了我们的敌人。我遇到过很多人，他们都因为自己的进食问题变得特别沮丧、挫败，无论是吃得太多还是吃得太少。对他们而言，其实就是简单地希望进食不要成为烦恼，然而他们通常无法做到。因此，他们会使用暴力的语言自我攻击，比如"太愚蠢了""贪婪""没有意志力""就是控制不住自己""恨死自己了""丑陋得不忍直视""恨自己为什么要一直想着食物""恨死了自己的强迫性思维""如果世界上没有食物就好了"。他们其实知道自己应该做什么，应该吃什么，也希望自己更健康一些，"但就是做不到"。

如果你也有以上这些情况，那么这本书就是为你而写的，因为我相信，我们可以试着去理解自己的进食。通过理解进食习惯背后的动机，我们就可以有意识地选择去做那些对自己有益的事情了。特别是当理解了为什么自己会去做那些不好的行为时，我们会立马感觉好了很多。比如，人们为自己不自觉的进食行为感觉沮丧，为自己长得不好看感觉痛苦，还特别担心自己的体重，而这些沮丧、担心与痛苦让人甚至无法直面这些问题的存在。尤其是那些厌食的人，他们一方面非常担心自己的状况，而另一方面，承认这些问题的存在似乎就意味着他们必须要放弃这样一种生活方式，而在有更好的解决方式出现之前，这毕竟也是一种应对方式。可以这么说，无论你的进食方式如何，那背后都带有自己的目的与意义。当决定丢掉自己不好的进食行为时，你必须要找到另一种方式来照顾自己的消极情绪。

当你不再使用食物来解决自己的情绪问题，并试图发展另一种方式来管理自己的生活时，应该做的第一步就是先理解自己。我相信，我们没有谁会故意做伤害自己的事情，我们都会努力做对自己有益的事情，只是有时候，我们可能会采取一些看起来很奇怪的方式。没有人希望自己不开心。比如，一个看起来要把自己饿死的人，在我看来，其实是在保护自己，或者说挨饿是她过好生活的一种方式，可能是为了转移自己的注意力。如果她能更好地理解自己行为背后的原因，她可能就能找到更好的方式来应对。又比如，有些人暴饮暴食之后又吃泻药，有些人经常吃得太饱、太多，或者大晚上起床找吃的，还有一些人吃东西时只是嚼一嚼就吐出来，在我看来他们都只是用这些看似奇怪的行为来自我保护。他们已尽力做到最好了，只是这些方式，不但没有解决问题，反过来又带来了更大的问题，让他们无法应对。

你会如何形容自己的进食行为呢？

· 你吃东西是因为饿吗？

· 你会严格限制自己的进食吗？

· 你会暴饮暴食，然后吃泻药吗？

· 你一直过度进食吗？

· 或者，你还有其他的进食问题吗？比如，只吃某种食物或在大晚上进食。

· 有没有可能，你是通过这样的进食来达成某种目的呢？

· 你认为自己的进食行为是由某种想法、情绪或者事件触发的吗？

· 你认为自己是因为需要抚慰而进食的吗？

用进食来掌控自己的生活

为什么我们有些人会用进食的方式来应对生活的挑战？或者进一步说，这可以如何改变？真的可以改变吗？以下，我想以很多研究案例来解释我们是如何学会管理自己的生活的。我相信，这些提供了一个视角来理解为什么有些人需要用进食的方式来应对问题，也让我们清楚地知道若是要改变我们的进食方式，需要改变什么。

但是首先，我们从"管理自己的生活"这个大概念开始说起。可能你完全意识不到"管理自己的生活"这件事情，因为你可能觉得，这一切是自然而然发生的。但我敢肯定地这样说，其实每一天我们都在"选择"怎么过，"选择"如何去应对或大或小的各种事件。

举个例子来说，假设你有个男朋友，他叫保罗，你们确定关系差不多三个月了，你非常喜欢他，并且你认为他也很喜欢你。他经常说他觉得你很好看，他买过一条银项链给你，上面挂着一颗爱心。自从你们在一起以后，你感觉很好，看什么都很顺眼，甚至还很愿意在家做家务，对任何人的态度都很好。直到昨天晚上，你从朋友那儿得知他在派对上亲了另一个女生，你一开始还不相信，觉得朋友可能是嫉妒才故意这么说，然而后来你看到那个女生居然在脸书上炫耀你男朋友亲了她的事情。就这样，你整个人都崩溃了。你接下来会怎么做呢？你可能第一时间找到保罗，问他这是怎么回事；你可能非常生气，然后保罗向你道歉，你们重归于好。但也可能，你非常不安，不愿正面质问他，反而把这件事情告诉了你的母亲以寻求安慰。当然，也有很大可能你和你的母亲会不欢而散，因为她压根不认识保罗，而且你们之间根本不会谈起这些事情。你可能会选择告诉你的朋友，但你又觉得他们会暗地里笑话你。你到底会怎么做呢？你也许会告诉自己，如果你再瘦一些的话，可能保罗就不会那样背叛你了，所以你决定今天不吃东西。你可能一边这样告诉自己，一边却管不住自己，独自在家的时候开始暴饮暴食，然后又迫使自己吐出来。

或者你曾经这么做过，但现在无法继续，难过之余你从学校回家的路上买了一堆垃圾食品狼吞虎咽，过后你又觉得这太恶心了，回到家就瘫倒在床上。

这里还有一个例子。你预约好今天早上 10:30 之前把自己的车子送到修理厂，但是因为种种原因给耽搁了，最早也只能 11:30 之后才能到。这时候你可以有很多种方式去应对，可能你直接打电话给修理厂告知你会迟到，然后询问这是不是可行（这是一种成熟的处理方式）。也有可能，你会自我安慰，这并不是什么大问题，你会尽快赶到。或者，你会告诉自己不需要理会这些事情，因为这不是你的错，取而代之的是你会迁怒于其他使你迟到的人或事（比如，孩子没有准时去学校；堵车；邮局的办事效率实在太低了，以致你等了很久；等等）。你可能因为迟到这件事情而感到非常焦虑，你甚至开始觉得自己的胃不舒服，或者感觉到自己呼吸急促，甚至觉得快要惊恐发作了。你会担心修理厂的人会恼怒，甚至拒绝接收你的车。就这样，你的不安促使你对修理厂的人撒谎称你忘记了。可能这些情绪对你来说太难消化，你开始抽烟。你需要想想其他的事情以便让自己转移注意力，比如今天晚上是不是要出去玩，或者你今天吃了（或打算吃）多少东西。你可能会去泡杯咖啡或吃点饼干来短暂回避这个问题，也可能因为感受到压力，你在去修理厂的路上把随身带着的巧克力都吃了。

以上这些都是你应对危机事件时可能采取的方式。生活中会发生很多这样的事情，无论喜不喜欢，你只能硬着头皮去面对。你可能会察觉到自己在类似的情境下也是这样应对的。我将这些称为典型应对模式，而既然此时此刻你在阅读这本书，我猜你的典型应对模式可能和进食有关。可能你开始考虑今天会摄入多少食物；可能你会暴饮暴食；可能你毫无觉察地已经在以进食的方式去应对生活了。当然，我并不是说，你是有意识地做了这个选择。相反，大多数人都没意识到自己正在用特定的应对模式来应对特定的问题。但是，如果你开始意识到自己的应对模式，你也就开始有所松动了。

可能这对你来说是一个全新的观点：选择进食的方式去自我管理——但其实，节食和暴饮暴食后呕吐、过度进食没有本质区别。如果你正在这么做的话，对你来说，很重要的一点就是，你要承认，尽管失调性进食带来很多问题，但你其实已经尽力做到最好了。除了吃，你仿佛别无选择（很多时候，你根本就没意识到你在吃）。对于这一点，你需要尊重自己的局限性，你已经在尽力帮助自己摆脱困境了。

▶ **停一停，想一想**

　　试着回忆上一次你吃撑了的时候，或者你暴饮暴食的时候，或者你发誓不吃晚饭的时候，抑或节食的时候。那一天发生了什么？对你来说，那一天是不是很艰难？有什么事情让你很沮丧或很烦恼吗？通常很多人用进食来应对问题的时候，很少会觉察到自己的情绪，甚至完全被情绪淹没，以至于无法意识到自己日常的应对模式。花一些时间来仔细思考一下，你的进食行为是不是一种应对模式？

你既然正在读这本书，很可能已经开始期待自己不再将进食作为应对模式了。这是好事。只有对当下的自我管理模式不满意时，你才会尝试学习新的模式。我称之为"有创造力的不满"。改变对于我们每个人来说都是很不容易的，有时候想法很好，但改变却很难。只有对现有的方式极度厌烦，我们才愿意排除万难来寻找新的方式。我希望本书可以帮助你确切地理解自己为何下意识地求助于食物，之后你才能知道如何以新的方式进行自我管理，开启寻找新模式的旅程。在这个过程中，希望你能用上我说到的那些方法。

我们是如何学会应对生活的

先来看一下我们是如何学会应对生活的。让我们来看看婴儿，很显然，婴儿是无法独立生活的。他需要依赖养育者来喂食、洗澡、穿衣等。当他感觉不舒服的时候，需要一个人来抚慰他，困了需要别人来哄睡，睡醒了边上要有人。他需要温暖、关心和理解，只有这样他才觉得自己是真正安全的。大多数婴儿都需要像这样被照顾，只有这样他才会开心和满足（大多数时候）。[10]

以上情景里，有两个变量：一是婴儿，二是养育者。除却极少数情况，婴儿都是没有能力主动与养育者沟通的。大人只能通过眼神、有没有转头看你、有没有发出声音来判断他是不是在和你互动，甚至他还会用蹬腿的方式吸引你的注意。毫无疑问，每个孩子都带着不同的气质与个性来到这个世界，体格也有所不同。如果一个孩子身体不好，或有些残疾，或发育迟缓，那他就更有可能感觉到不舒服，也不太可能会快速回应他的养育者。举个非常寻常的例子，有些孩子天生消化系统发育不完全，很可能在刚出生的前几个月内存在消化不良的问题，当然这是成年人的叫法，而发生在婴儿身上时这叫肠绞痛。肠绞痛会让婴儿不舒服，令他们大哭——他们也只能哭，因为哭是唯一一个他们可以表达痛苦的方式。再长大一些，他们在长牙的时候也会哭，很明显一颗颗牙齿冲破牙床长出来的时候肯定很疼。身体疾病越严重，痛苦就越严重，越持久。

但个性上的差异也会导致不同的孩子会以不同的方式去回应养育者，有些孩子相对比较容易安抚，而有些孩子则相对更敏感，对噪音反应更强烈，更容易哭闹，不容易放松与入睡。有些孩子较其他孩子而言，需要更长时间的睡眠；有的孩子比较活跃，有的孩子则更需要拥抱；等等。随着我们长大，这种遗传特征会越发明显，比如"他像他爸爸一样擅长数学""她天生会唱歌，她们一家都这样""她和她妈妈一样外向"等，这些一开始就存在。而孩子的成长经历则在很大程度上决定了这些内在特征到底会在一个人身上如何表现出来，是变得更好或更坏。

> ▶ **停一停，想一想**
>
> · 关于你的基因遗传，你都听说过哪些说法和评价？
>
> · 你听过关于自己还是婴儿时候的故事吗？
>
> · 你的生理特征与天赋和谁比较像？
>
> · 你会拿自己和家族里的谁做比较？
>
> · 你认为自己的气质和谁最像？
>
> · 你感觉自己和谁最像？
>
> · 这样可以帮助你更好地理解自己吗？

另一个变量则是养育者。而遗憾的是，孩子无法挑选自己的养育者，所以也无法决定照顾自己的人是不是能胜任。他们本身也会受自己的早年经历所影响。如果你的母亲比较幸运，从小得到很好的关爱和照料，那么她很可能也能好好照顾你——当然这并不是必然的。

无论婴儿的个性与生理状态如何，他都需要依赖养育者来过好生活，这样才能尽量少地经历不适、痛苦与挫败，但要想从不经历则几乎是不可能完成的任务。每个孩子（每个人）的生活里都充满了各色各样的小痛苦，比如感觉冷，感到孤单，陷入痛苦，或被威胁。即便是世界上最好的母亲，也无法抚平所有的挫折。（我用"母亲"来指代主要养育者，但当然这个角色不一定都是母亲，也可能是父亲，或者有时是外婆，还有些孩子是由姐姐带大的，或者是被寄养或领养的，有多种多样的可能。不过，值得一提的是，对于孩子来说，主要养育者不宜过多，一个或者少数几个即可，而由谁来担任这个角色就视情况而定了。所以，这里的"母亲"只是最方便的叫法。）

> **停一停，想一想**
>
> · 当你还是婴儿或儿童时，谁是你的主要养育者？
>
> · 不止一个吗？
>
> · 你会用哪三个词来描述你和他／他们的回忆？
>
> · 你觉得他／他们把你照顾得如何？

正因为无法一辈子保护孩子，无法帮助他们扫清人生道路上所有的障碍，所以母亲教会孩子自己去处理那些挫折就变得非常重要。因此，我们会看到，母亲如何与孩子说话，孩子就如何自言自语或如何与其他人说话。举个例子，一个 6 岁左右的孩子，其家人经常以很不耐烦的口气和她说话，如"快点，爱丽丝，你快点！"。我们会看到当她和家人在打板球时，外公稍微出手慢一些，她就开始大叫："快点，外公，你快点！"她也会这样自言自语。所以看起来，我们是怎么被对待的，也就慢慢学着如何去对待其他人以及我们自己。

研究表明，我们与**自己**联结的方式——我们对待自己是友善还是很容易自我批判，是友好的还是带着敌意的——会影响我们克服人生难题的能力，以及内心的幸福感。

——吉尔伯特：《同情心》(*The Compassionate Mind*，2009)[11]

在比较好的情况里，当出现挫折时，我们与主要养育者的互动大多时候都是积极的。在孩子特别小的时候，主要养育者会通过拥抱、亲吻以及安慰性的语言来表达积极的回应。随着孩子慢慢长大，积极的回应往往还伴随有抚慰、理解以及安慰的语言，例如："放心吧。""不要紧的，我们一起搞定。""好遗憾你忘记了，我们一起来看看可以做些什么。""你当时肯定特别失落，小可怜。""这事太吓人了，你当时肯定特别生气。""你都伤到膝盖了，来，亲一下就没那么疼了，然后我们再贴个膏药。"如果小时候养育者都是这么回应我们的，那么此时此刻，即使碰上了不好的事情，我们也不太会苛责自己，会以同样的方式来自我对话："没关系的，我可以处理好，我好希望这事没发生，但现在既然已经发生了，我相信会变好的。"

▶ **停一停，想一想**

· 你还记得在小时候当你做错了事，别人是怎么回应你的吗？

> · 当你丢了什么东西，忘记了什么事情，或者犯错了，打破了什么东西，又或者受伤了时，别人都对你说了什么？
>
> · 基于这些，你觉得你的主要养育者在多大程度上支持你？

做得不够好的养育者

大量研究显示，如果养育者能够准确回应孩子的情绪，那么孩子长大之后会更自信，也更有安全感。[12]这说起来容易，但我们却看到太多失败的例子。我记得有一天无所事事地站在窗口往外看，就看到一位母亲带着孩子走在大街上。这孩子看上去大约9岁，想要去牵母亲的手，但母亲就是不准，所以孩子只能抓着母亲的裙子。在那个当下，无论孩子的需求到底是什么，这位母亲根本无法做到去准确地回应。还有一次，我在购物中心看到一个近4岁的孩子跟着几个大人一起出来，其中包括他的父亲。孩子可能实在是太累了，一直在抱怨、哭闹，他的父亲在几次不耐烦的回应之后，就给了孩子一耳光。围观一个大人打孩子耳光真不是一件好事——很明显，这位父亲根本无法去理解孩子，更别说带着同理心与孩子相处。这般粗暴的教养案例比比皆是；据统计，在英国每周都有两个儿童死在监护人的手里。我们中大约三分之二的人比较幸运，养育者可以满足他们的需求，而剩下的三分之一就没那么幸运了。

　　但其实，养育者的行为不当以及其他缺陷大多都不是故意或者出于恶意的。许多家长都发现在很多情境下，他们很难有足够的注意力来关注自己的孩子。这些情境诸如：不可避免的分离（可能是因为养育者的疾病、生理或心理状况，甚至死亡）；其他家庭成员的疾病、身体缺陷和死亡；父母关系不良；父母关系破裂；继父母或继兄弟姐妹的加入；经济状况不好；生活成本太高等。特别值得一提的是，如果家里有人有成瘾问题，或者有强迫性行为（包括进食障碍），那么很多时候，整个家庭的注意力和关爱是特别给到这个家庭成员的，而其他家庭成员所获得的关注与关爱势必会受到影响。

　　但是哪怕平日里的家庭氛围是轻松愉快的，由于父母亲自身在小时候遭受过忽视或虐待，这些不好的生活经历会影响他们成为称职的父母。尽管我们也可以看到一些小时候经历了虐待或忽视的父母勇敢且积极地克服自身问题，为了孩子做得更好，但仍然有很多人是做不到的。

　　没有哪个养育者是完美的，即使真的做到了完美，那可能也不是什么好事。所以，我们需要培养自己的抗挫力，哪怕在小时候经历了很多不幸的事情，我们先要学着自我同理。作为孩子，我们还没有能力做到把养育者的回应放在上下文里去理解。如果我们一直被夸赞可爱，那么长大后我们仍很有可能觉得自己是可爱的。相反，如果别人一直评价我们是"淘气的""坏小孩""真糟糕""阴暗""快把人搞疯了""故意惹怒别人"，这些消极评价的信息也会内化，伴随孩子的一生。我清晰地记得，有一次在超市里，我看到一位母亲不停地数落一个小男孩，小男孩大约 4 岁，他把架子上的东西撞落在地。因为这位母亲说话很重，我忍不住说了句："他是不小心的。"这位母亲回头看着我说："他就是故意的，他太讨厌了。"我看到小男孩的脸上写着满满的心痛；对于母亲的控诉，他没有任何回击，也没有抱怨母亲不知道事情真相就冤枉他，更没有辩解母亲说的不是事实，甚至我可以大胆猜测，他已经内化了母亲粗暴的过激反应。我就在思考，如果这样的经历告诉他的是，当他犯错了，所有人都会攻击他，那么假如他在成长过程中犯错了，他又怎能做到自我安慰，然后以理性且冷静的方式来对待自己的错误呢？并且，他又怎能做到去相信其他人在他犯错了之后还会支持他、帮助他呢？

有好些父母都希望孩子能完成自己未完成的目标。我相信大家多多少少都有听说过网球爸爸和芭蕾妈妈——这些父母迫切地希望孩子能达成自己的愿望。一些父母希望孩子能"成为他们的骄傲"，可以"看起来很好""穿着得体""举止文明""成绩优异""不与坏人做朋友""上好大学"等。在这样的状况之下，孩子很难成为自己，所以进食障碍在一定程度上是远离父母的一种方式，这样就不用与父母紧密相连。同时，这也有可能是一种不被允许进入意识层面的抗争与叛逆。

特别是对于一些年轻的母亲来说，她们在养育孩子的过程中，可能感到孤单和无助，所以很需要从孩子身上感觉到自己是被爱的、被珍视的，这使得孩子在长大的过程中慢慢觉得照顾母亲是自己的人生目标。这样一来，孩子如何照看好自己的情绪呢？他会不会以酗酒、抽烟或者暴饮暴食的方式来应对自己的情感需求呢？甚至，她可能年纪轻轻就生养孩子，并强迫性重复这样一个循环，只是为了感到被爱？

在过去的 50 年间，养育者的重要性已被广泛研究，并且已毋庸置疑。这就是众所周知的依恋理论——"依恋"一词被用来描述孩子和养育者之间的关系。

▶ 停一停，想一想

你的养育者希望你成为怎样的人？在他们眼里，你又是怎样的人？是不是可能是这样的描述，比如"你要成功""你要聪明""你不要犯错""你先看我怎么做""不要给我制造麻烦""不要大惊小怪""不要去很远的地方""要永远开心""你不重要""其他人比你更重要""我不在乎你到底感觉如何""你要独立了"？

在过去的 20 年间，人们还发现失调性进食与不好的早期经历有关。[13] 无论是贪食还是厌食，其实都是把食物作为一种工具，来转移自己的注意力或自我保护，这是人们应对不好的回

忆、念头、经历和感受的方式，因为他们也找不到其他更好的办法了。

过去糟糕的依恋关系带来的后果

现在脑神经科学家关于儿童发展的研究成果发现，在成长过程中，缺少养育者足够的或者适当的支持，不仅会让我们在学业表现上有所欠缺，还会影响我们的大脑发育。尤其是，这会让我们的大脑可能无法产生那些能让我们舒缓下来、冷静下来的化学物质，来让我们在困难情境下解决问题，比如后叶催产素*。因此，我们更有可能会去寻找其他东西或者活动（食物、酒精、药物、自残自伤、暴力）来帮助应对困难情境。这样的应对方式不一定是回不了头的，肖尔（Schore）作为一位有趣的脑神经科学家，就探讨过这个议题，他相信我们的大脑是可以改变的，并且我们可以学着用其他的方式来处理问题，我们可以慢慢学着自我慰藉并与其他人发展出值得信任的亲密关系。[14] 但没有人会说这是个容易的过程。

最根本的问题在于，如果我们从来没有被恰当地抚慰过，或者关心我们的人从来没有提供过足够的帮助来让我们好好处理自己的情绪，那么在长大后以及在成年生活中，我们都很难处理好这些。[15] 我们迫切需要一些调适情绪的技巧，否则我们只能受

---

* 脑下垂体后叶荷尔蒙的一种。——译者注

情绪的摆布。众所周知，那些无法控制自己的愤怒或者常常暴躁如"炮仗"的人通常会给自己和其他人的生活带来巨大的问题。当然我们也大致知道大部分人基本不太会讨论到底发生了什么，而是会假装所有的事情都没问题。很多人，可能也包括你自己，会用某些物品或者活动来慰藉自我。有运动习惯的人会通过强迫自己卖力运动来让自己感觉好一些；药物成瘾的人或者酗酒者用药物或者酒精来麻痹自己，不去面对那些自己无法处理的情绪；进食行为失调的人全情关注于食物，自己的体重、体形以及穿衣尺寸，来处理自己的情绪，以至于她不知道还有其他方式可以处理问题。

到目前为止，我一直在强调，如果过去的依恋模式比较安全，那么对你来说就更容易能自我抚慰，也更能与他人建立信任。我把这些称为人生的黄金标准策略。我的意思是，如果你的早期经历不太美妙（不一定是非常悲惨，也不一定是养育者特别不好），你会发现使用这些黄金标准策略就相对没那么容易了，你只能发展其他的应对策略。这其中可能就包括进食。让我们来试着细致拆解下因为糟糕的早期关系带来的一系列问题。

建立成熟、相互的亲密关系的困难

很多人都曾提到，如果早期没有形成良好的依恋，长大之后可能无法建立良好的亲密关系。似乎有 75% 的人都会建立起和原生家庭类似的亲密关系，不论好坏。无论我们意识层面多么不喜欢我们的早期经历，但似乎这些关系的模板影响持久。这有助于解释为什么我们一而再、再而三地选择同一款恋人；为什么有些女性好不容易摆脱了一个暴力或酗酒的伴侣，结果又与相同类型的人建立亲密关系；同样，很多人不想与控制狂恋爱，但最后找到的伴侣还是控制狂。当然，如果你的原生家庭是健康的，那么你也会处在好的循环里。我遇到过一些从和善且互相关心、互相滋养的家庭里出来的女孩子，她们能找到同样关心她的另一半，而这另一半今后也会是个好父亲。如果你知道怎么选择，你就能做出好的选择，而麻烦在于我们重复了过去的不好体验，并做出不好的选择，那么我们将持续陷入一个没有人可以信任也无法获得支持的境地。在这种情况下，食物为何会成为我们的好朋友似乎也就不难理解了。[16]

> ► **停一停，想一想**
>
> 　　回想之前的练习，在那个练习里，你尝试描述自己与主要养育者之间的关系。你觉得自己在之后的亲密关系里是否也重复了这样的模式？你如何有意识地、主动地用特质列表来选择伴侣？如果你的早期经验没有那么好，那么你能学着去爱一个关系模式不一样的人吗？

缺少身体觉察

　　在好的状况下，我们可以在很早期的时候就发展出对自己的身体和躯体感受的觉察力。所以，举例来说，我们可以辨识冷、累、饥饿或疼痛，或者更准确地说，照顾我们的人会教会我们辨别自己的感受。周到的养育者会及时地觉察到孩子饿了会变得脾气不好、很急躁，因此他们会早早准备好食物来确保孩子可以按时吃饭，被妥善照顾。我认识的一位母亲就会在她的包里准备一块芝士三明治，以便她察觉到孩子饿了时就可以和孩子说："保罗，我知道你饿了，来，有三明治。"可想而知，在保罗长大之后，他一定自然而然地知道饥饿是什么，在饿的时候他就会去找食物吃。当然，再仔细的养育者也会碰上孩子受伤的时候；而好的养育者在孩子受伤以后，会亲亲他受伤的膝盖，帮他贴上膏药，让他不要担心，也不必害怕再次摔倒。但如果这时候你的母亲认为摔倒一下就这么大惊小怪太娘娘腔了，你就会学习到相同的经验：在你自我伤害的时候，也不需要去留意，甚至毫无感觉。好的养育者不仅能帮助你对自己的躯体感受有所觉察，还会留意到你的情绪感受——比如，当你因为悲伤而暮气沉沉，因为焦虑而非常激动时，他们都能感觉到。很多通过进食来自我抚慰的人通常不太能真正厘清自己的感受，并从自己的身体感受中隔离出来。而很多时候我们是通过自己的身体信号来确认自己的情绪感受的，这样一来，就会让我们很难做出合适的反应。[7]当你不知道你的感受到底如何时，那用食物来回应有时候也能自我宽慰，或者你可能会误解自己的其他感受，特别是当你焦虑的时候，你会误以为自己饿了。

▶ 停一停，想一想

· 你认为自己在觉察与回应躯体感受上敏感吗？

· 你能觉察到自己饿了、累了、悲伤、愤怒与焦虑等吗？

· 你可以准确描述这些情绪在你身体中的感觉吗？

· 你有过这样的经历吗：看到腿上有块淤青，却始终想不起来是什么时候弄伤的？

· 你认为自己在原生家庭中学习到了怎样的身体觉察？

· 在你的生命里，是谁在关心你的身体健康与情绪感受？

缺少情绪语言

　　情绪语言建立在身体觉察的基础上，而大多数时候，我们又得依赖养育者来教我们这些情绪语言。大量的研究表明，那些进食失调的人，很难将语言和感受建立准确的联结。[18] 当然，这并不意味着你不知道如何使用诸如"悲伤""失望""嫉妒"等词语，只是说你无法将这些词语与你的身体感受和个人经历联系起来。很多有着失调性进食的人其实能意识到一些感受，而另外一些情绪却不太有觉知。如果你没有足够的词语来描述，那么要说清楚你的过去和经历就会很难。缺少表达方式也会让你下意识用食物而不是语言来表达自己到底发生了什么——可能你会暴饮暴食或者节食，而不是说出来。这些策略的问题在于它们只是说明了事情有点不太对劲，却不能告诉我们到底是哪里出了错。这样别人会很难帮到我们，因为来自食物和身体的语言是那么含糊不清。

做个小练习吧。给自己一分钟的时间，看看能一口气写下几个有关情绪的词。如果你能写出 15 个及以上，那么很明显你完全没有情绪表达方面的问题，但如果你只能想到五六个左右，那么可能你并不习惯用感受来描述自己的经历。说的是你吗？

缺少自我滋养

随着年岁增长，我们不停地被教导是否应视自己是有价值和重要的，还是根本不值得关注。有个朋友曾经说过这么一个故事，她的母亲看到她准备出门，就会嘲笑她说："你觉得谁会留意你啊？"如果这样的信息一遍一遍地出现在你的耳边，你会很难好好照顾自己，也不会认为自己是值得被好好对待的。有意思的是，有个很有名的美妆品牌就用了这样一个标语——"你值得拥有"来吸引女性购买自己的产品。这也暗示了我们大多数人都很难真正感觉到自己是值得被好好对待的。如果你的早期经历是被忽视的，你觉得没有人关心你，那么长大后你会发现很难好好对待自己。在这样的思维方式下，你就会很难保证自己吃得健康且规律，很难保证自己的身体健康和合理休息。我曾经有一个厌食症的来访者，无论在怎样的天气下，她都坚决不使用公共交通，步行去任何要去的地方。她的动机部分来源于她想减肥，但在这个过程中，她完全忽略了自己的感受，以至于她来见我的时候往往非常疲倦，带着浓重的黑眼圈。我还有许多来访者，他们身形庞大，但一整天都不动一下。当然部分原因是他们太重了，以至于很难保持积极主动，但是在这个过程中他们忽略了保持一定的运动量是自己的基本需求，如果长期不动的话，身体会有各种疼痛。我做的这份工作最有价值的部分是，我经常见证了一些变化，有些女性刚来参加我们的团体的时候，头发油腻邋遢，穿着随意，但逐渐开始会照顾自己，这些迹象表明他们愿意相信自己是值得被好好对待的。

> ▶ **停一停，想一想**
>
> 　　你在自我滋养上将如何给自己打分？0—10分，10分说明"我把自己照顾得很好"，0分说明"对我来说，不可能相信自己是值得被留意的"。如果你的分数是6分及以下，可以想想，你是怎么学会如此看轻自己的？是谁或者是什么事情让你觉得自己是不值得被好好对待的？

缺少自尊

　　不能好好照顾自己，就像我以上描述的那样，是自尊的一方面。自尊是一种我们进行自我评价的方式，在我们人生的不同部分会发生变化。我们常常看到，进食失调的人，可能在工作表现上很完美，但在处理关系上非常艰难，或者极度厌恶自己的容貌。孩提时，我们的自尊几乎都来源于与父母亲的互动，他们让我们觉得自己是被爱的以及是可爱的。随着慢慢长大，我们越来越依赖自己的经历来认识自我。特别是青少年时期的女孩子，她们会对自己特别苛刻，也会恶劣地相互攻击。这些攻击是一种欺凌，会破坏一个人的价值感。如果在家庭里没有得到很多的自我价值感，青少年时期被欺凌的经历就会变得尤其具有毁灭性，特别是有时候还伴随着对外貌的攻击。我认识的一个有厌食症的年轻女性就来自这样一个家庭，她的母亲很和善，也很热心，但总是过度工作。她的父亲非常挑剔。所以，她不是特别有信心。等到了高中，她发现自己成了三个"女孩团伙"的目标，总被毫不留情地折磨和欺凌，其中很大一部分是针对其外貌的。她也是从那时候开始厌食的；这是她的应对方式，因为她找不到其他方式去解决问题。

缺少自我感

正如我们依赖养育者来教我们感受以及如何照顾自己，我们也依赖他们帮助发展我们的自我感、自我认知以及理解"我们是谁"这件事情。最理想的状态是，我们需要他们来注意到我们是谁以及尽可能用积极且有创意的方式来告诉我们。所以我们需要他们留意到我们可以做什么，从小时候搭积木的兴奋，到稍大一些时候来自阅读和写作的满足，到更大一些时候他们认可我们在运动、音乐和学校功课上的成就，再到青少年时期，我们开始表现得与他们不同，而他们仍然愿意兴趣盎然地接纳我们，并作出独一无二的反应。父母的任务就是成为孩子的镜子，让他能看到自己，越真实越好。

这种被镜印的需要并不随着长大而结束。在我们整个人生过程中都有着这样的需要。这就是承认个体成就的颁奖仪式为何如此重要，以及为什么我们当中的大多数人都渴望被认可和被赞美的原因。没有了反馈和回应，我们就很难知道自己是谁。当你不知道自己是谁的时候，光要生存下来都会变得很困难，这时候，用食物来自我安慰或用满满的卡路里把自己填满看起来可以转移注意力。

▶ **停一停，想一想**

来确认一下你的自我价值感和身份感：

用 10 个形容词来描述你自己。你不能用消极词汇。如果你觉得这很难，你就想想那个爱你的人会怎么描述你。接下来看看这张列表。如果你告诉自己这些词就是形容你的，那会怎样？你对自己感觉会不一样吗？生活会因此感觉容易些吗？

让我们来总结一下，我们中的有些人有着比较好的早期经验，那么在事情变得糟糕的时候，他们就会发展出自我慰藉的能力，也会选择那些值得信任的人作为我们的朋友和伙伴，从他们那里得到支持。我们的早期经验也会让我们意识到自己的生理自我，并令我们对自己的身体感受更敏锐，这样帮助我们更好地

照顾自己，比如饥饿、疲倦和痛苦。而这些对于身体感受的觉察也会慢慢扩展成一种综合反应，我们也被教导着用来识别作为我们的情感回应，比如愤怒、悲伤、失望、兴奋、轻松等。在养育者对我们的日常感受的关心和询问下，我们掌握了这些感知的命名，并能够开始谈论我们的感受且对此有所反思。反过来，在这些年的成长过程中，这样反复的思考也让我们慢慢形成了自己的一套模式，我们学会了用支持且有用的方式来自我交谈，并且在儿童时期与青少年时期逐渐形成了清晰的自我认知。所有这些经历与能力都能让我们发展出有效的策略来管理自己的人生，有能力用一种相对平静而理性的方式来应对各种生活境遇。

但近三分之一的人就没那么幸运了，他们在不同程度上苦于缺少合适的早期情感教育。可能我们都不太能意识到自己的身体感受，或者对此已经麻木，因此可能很难真正照顾自己，不能给自己足够的休息时间并难以及时把自己喂饱。甚至，我们对痛苦也变得迟钝，以至于会自我伤害。我们也不太能觉察到自己的感受，或者只能分辨出很少的一些情绪，比如愤怒与悲伤。我们很可能会不具备足够的情绪语言来精确描述自己的情绪体验，并且陷在这种情绪体验中迟迟无法出来，因为没有能力好好去思考怎样可以让自己的人生没那么痛苦。我们大多数人不会通过一种宽慰和支持性的方式进行自我对话来自我抚慰。我们的内在对话总是习惯于责怪、评判自己。最后，我们有了这样一种信念，即周围的人都是靠不上的，我们也就只能越来越孤立，或把自己的社交圈限定在少数的一些人。大多数时候，我们经常感觉自己都在装腔作势，没有人了解真实的自己。我们很可能觉得对于其他人来说，自己毫无魅力，并对自己感到羞耻，试图把自己藏得越深越好。

带着限制生活会让生活看起来很难。对大多数人来说，生活里充满了各种各样的问题和困难。比如，管理我们的钱，让我们的生活变得有序，交朋友，找到自己喜欢并擅长的工作，照顾好我们的身体需求等，基本天天都在给我们制造挑战和两难。除此之外，我们时不时就要面对人生中的大事：对我们来说很重要的人生了重病或者去世；我们非常在意的事情失败了；经济上的现实焦虑；因为关系结束导致生活一团混乱；生活环境的巨大改变，包括转校、搬家、离家、上大学、结婚、生孩子、离婚等，带来的巨大压力。当我们像以上描述的那样失去了资源，特别是缺少了自我安慰的技巧以及来自他人的支持，那么一切都会变得格外艰难。这个时候，我们可能就会向食物寻求帮助。

正如前文提到的，如今食物不贵且很容易得到，这使得它更有可能变成我们作为自我安慰的选项。我们在下一章将会看到，我们一辈子都在感受食物的慰藉。然而，看起来吃很多或者说大吃大喝在自我安慰上是特别有效的方式，因为它会对使我们能感觉良好的大脑物质产生特定的效果。[19]换句话说，当我们在进食时，我们也在自我疗愈[20]，在尽力照顾自己。理所应当地，这种行为很可能会被重复。

因此……

这个时刻你需要想想，关于失调性进食的解释对你来说是不是说得通。可能以下问题在帮助你思考的过程中非常有用。

如果以下大多数问题，你的答案都是"是"，那么我认为本书对你非常有用。我将会告诉你本书的其他内容以及你可以如何使用它。下一章（第2章）会讨论为什么食物对于我们来说如此重要，并提示哪些经历可能会让食物对我们来说变得格外重要。接下来的七个章节将讨论那些成长过程中令你将食物作为一种生活应对方式的经历。随后的一章（第10章）将讨论体象自尊与失调性进食，最后还将讨论男性的进食障碍（第11章）。不一定所有的章节都和你相关，你可能需要找到和你最贴切的情景。如果这些都不是你所遇到的情况，我仍然相信你可以或多或少把它们放在一起来解释，以理解你对于过去的应对方式。

我希望的是，你最终可以理解自己的进食习惯，在尝试用食物来自我抚慰时，你能意识到自己真正想做的事情是什么。不过那只是第一步。我会尽力帮助你发展出另一种过好生活的方式。当然，那可能需要一些时间和努力，否则如果那么简单的话，你早就开始做了。做那些对你来说最相关的练习，以及练习去做这些最能帮到你的改变。一旦你开始意识到可以如何理解自己的进食习惯，你会感觉到你能拥有更多的帮助。在那样的情况下，第12章提到的资源对你来说就非常有用。在阅读本书的过程中，你会慢慢有勇气在认识自我的路上开始探索，并发展出能反思自己生活的能力。

此外，你可能认为到目前为止我所说的所有事情，都是在拐弯抹角地责备父母或其他养育者将你抚养成人的方式。有一些，其实是很少一部分家长，真的很残忍，对孩子充满了敌意；但大多数家长都在尽自己所能做到最好，尽管有时候尽量做到最好不见得就是好的。他们也受到自身成长过程的影响，就像你一样。所以我要尽力去做的是，不去责怪他们（因为那也没有什么用），而是让你去思考这些是怎样对你产生影响的。当然，你对于这些影响肯定有着自己的感受；你可能会对父母或其他养育者有着很大的愤怒；你可能会憎恨他们。但是这一切，看起来与进食问题并没有直接关系。可能这太难开始了，以至于可能让你又重新选择食物来自我抚慰、管理生活。现在的议题是你将如何选择其他的方式。

> ▶ **停一停，想一想**
>
> （1）有没有可能对你来说，当你出现失调性进食行为的时候，或者特别担心自己的体形、体重和穿衣尺寸的时候，是被某些特别的想法、记忆、时间或者感受激发的？
>
> （2）当事情出错时，你是不是经常贬低自己或责怪自己？
>
> （3）你是不是发现对你来说，和别人谈论那些让自己困

扰的事情特别困难？你是不是倾向于自己默默地忍受这些担心和挫败？或者你是不是在事情其实很糟糕的情形下，仍然会修饰自己，而其他人也无法知道真实的情况？

（4）你是不是有时候觉得很难知道自己真实的感受并把感受说出来？

（5）当你重新回顾自己的成长过程时，是不是对你来说，受到的关注不多（无论出于什么原因）？没有人关注你是怎么想的，有什么感受。

（6）你是不是感觉想到过去的很多事情都很痛苦？

（7）是不是有时候你自己也不知道自己想要什么，或者自己是谁？

（8）你是不是觉得照顾好自己这件事情有些难？

（9）对你来说，失调性进食是否可能是你应对生活的方式？这是否可能就是为什么那么难改变的原因？

关于食物的思考

　　每逢星期天，我们总是去我祖母家，她总是买很多很多鸡肉，能买多少是多少，我被允许吃很多东西。吃完鸡肉，她会做两个苹果派当餐后甜点，因为她知道我们都很能吃，你要知道那时候大约也就两点，然后快到四点的时候，她已经把司康饼也做好了，就这样我们又美美地享受了一顿英式下午茶。除非她身体不好，几乎每个周日我们都是这么过的，接下来，我妈妈也开始这么按照祖母的做法给我们做。

——研究受访者

　　我的母亲是个很棒的厨师……当我还是个孩子的时候，我记得我们家总是挤满了来拜访的人……记忆中她总是在做饭。我的父亲是个牧师，所以他们十分享受这个过程。教堂里总有事，所以我的母亲总是这样一直在做饭。所以……我猜食物在我家是件大事。

——研究受访者

尽管我强调了进食障碍不仅仅是食物的问题，我更关心的是去探索这个症状背后的东西，但我们也需要关注一下为什么我们会使用这种方式来表达内在自我。对于我们每个人来说，饮食都有很长的历史，还有一生的意义。我们可能可以开始寻觅一些线索来解释我们为什么会这样进食，就像我们在过去的经历中所做的一样。在这一章中，我想要试图去找出我们成长过程中的一些关于食物的记忆和联想。在这个过程中，你可以重建你的过去，来看看是否能找到你使用食物的行为中的内在逻辑。

关于进食的早期经验

婴儿时期，好的喂养经历是非常重要的，因为这些经历会留给我们好的回忆，在很多年之后仍然可以重温。我们刚来到这个世界的时候，是完全依赖养育者的照顾才得以活下来的，当然我们也早就时刻准备着吮吸了。一个婴儿很饿了，这时候食物出现了，小婴儿吮吸到了，并感觉到了满足。这样一个非常满足的小婴儿在母亲的怀抱里沉沉地睡去，构成了充满幸福和安全的画面。

然而对于很多人来说，关于食物、饥饿、进食的早期经验并不是这么直接且顺畅的。要有足够的信心才能喂养好一个如此小的孩子，在西方文化里，我们的母亲们通常又没有那么自信。我们并不总能及时满足一个小婴儿对食物的需求，或者说没能那么精确地捕捉到这样的需求信号。直到半个世纪以前，有着心理学意识的儿科医生如唐纳德·温尼科特（Donald Winnicott）[11]才让人们意识到对于婴儿来说，严重的饥饿感到底带来了多大的痛苦。小婴儿对于自己的饥饿无法名状，甚至不太能理解，更说不出原因，只能遭受这种痛苦。作为成年人，我们都曾经历过饥饿，那种感觉足以引发我们的不适，甚至惊恐，但我们能理解饥饿是怎么回事，而这种理解也能让我们更好地去应对。而小婴儿没有这种承载框架。

　　我们很少有意识地记得这些早期喂养经历。我们想要去相信这些经历对我们没有影响，但看起来很大可能它们总在一些潜意识或者非言语层面对我们有所影响。对于那些滥用食物的人来说，他们的早期经验可能是日后这些困难行为的导火索。夏琳就是这些实实在在经历过饥饿的婴儿之一。她的母亲无法应对婴儿的各种照看需要。夏琳一直靠冰棍活下来，直到在 6 个月的时候，她被从她的母亲身边带走才得到该有的照顾。成年后，夏琳开始强迫性进食，从来感觉不到饱，也感受不到满足。

　　当然，这并不是故事的全部。一个婴儿被喂养的经历也是他们被爱、被抱持、被照料、被保护的经历。在某些经历上的缺失往往也意味着其他部分的缺失。夏琳的强迫性进食不仅是试图去抵消 20 年前的被忽视，更是试图修复情感伤害的方式。而我们在这个案例里可以清楚地看到，整个方式是那么让人绝望；可能夏琳的创伤可以通过更多被爱的体验来疗愈与修复，而显然不能是强迫性进食。

对我们这样特定的一代，还有一个困难，那就是我们的母亲都被教导要漠视自己的本能冲动，比如在孩子哭闹或饥饿的时候，不能立刻跑去满足孩子。特鲁比·金（Truby King）就是这样一位男性作家，他写了很多关于婴儿抚养的手册，他坚信如果母亲不严格遵守四小时一喂的规则，对孩子是有伤害的，甚至不应"过度关注"孩子。[2] 这种教养方式的一个现代版本被吉娜·福特（Gina Ford）大肆推广，并引发了很多激烈甚至暴力的争论。[3] 一位敏感的母亲因这些理论感受到的极大的压力困扰，可能与受到这些对待的婴儿感受到的折磨差不多——有多少成年人是严格按照四小时间隔来进食的，更不用提这些孩子了。而这些孩子肯定经受了早期身体和精神上的双重饥饿摧残。

而婴儿喂养过程中的另一件大事情就是断奶。很少有母亲拥有这样的自由——无论是事实操作层面还是心理层面——以及自信可以去等待孩子，看看她们的孩子到底想要什么、需要什么，并带着这样的好奇和愉悦开始探索混合喂养的有趣的可能性。对于很多孩子来说，断奶通常意味着恐怖与剥夺；一种熟悉的好东西被拿走了，取而代之的是一些以前没见过、吃起来费力、味道也没那么好的东西。甜甜的奶（很明显，母乳是很甜的；而牛奶为了模仿母乳也会添加糖）被一些奇怪的口感与味道替换了。

似乎在很大程度上，滥用食物的背后潜藏着一些早期喂养经验。其中一种就是，无法信任自己可以随时得到食物——于是需要马上吃东西来满足，因为机不可失，时不再来。很多人偏好甜食和那些不太需要咀嚼的食物，可能是断奶时候留下的回音。这是不是也是连锁快餐如此成功，以及冰淇淋和软饮如此畅销的原因呢？可能我们当中的很多人已经学会质疑甚至误解自己的饥饿感。很可能我们大多数人在早期经验里，都是母乳喂养不太够的，我们就用了一种社会赞许的方式来自我满足。比如，我对那些半升的瓶装水很感兴趣，那些瓶装水的瓶口有个类似奶嘴的东西，喝水需要靠吮吸。很有意思，我们可以看到很多人在使用这种喂养瓶，而又不足以明显到被认出来。

关于进食障碍，除了努力去逆转或者重塑早期喂养经验以外，这些婴儿时期经验的核心重要性也值得思考和研究。

▶ **停一停，想一想**

　　如果你想搞清楚自己紊乱的进食行为，那么可能与那些看你长大的人探讨一下是很有必要的。你可以问问他们，小时候你是如何被喂养的，你是怎样一个小孩。可能你会发现你目前的困境和那时候的经历有关。

食物作为早期权力斗争的一部分

食物与进食的意义并不仅仅来源于我们婴幼儿期的经历。之后我们会有一生的个人意义将不断与这些早期经验相融合。从时间顺序来讲下一个时期，也是我们很多人可能可以记得的时期，即在学步时和儿童时期常常发生的食物"战争"。要想在给孩子自由和合理限制选择中找到平衡是件很难的事情，尤其是当这些选择越来越多的时候。2 岁的孩子要喝牛奶和果汁十分简单，但面对想要咖啡的 8 岁的孩子和想要啤酒的 12 岁的孩子该怎么办呢？

遗憾的是，孩子们对分离与独立的争取往往出现在食物上，而在婴儿喂养中，食物和喂食与关爱和照料的联系让这些问题变得更加复杂。父母，尤其是母亲，可能会投入太多精力让孩子吃完食物。孩子不吃东西很容易被看作对养育者及其付出的拒绝。我记得看到过这样的建议：母亲不要花太多时间与精力来准备小孩子的食物。如果孩子吐出了你花好几个小时准备的食物，这比吐出花 10 分钟准备或只需要打开包装的食物（或打开罐头食品）更让你感觉不安。

这种拒绝的根源是在孩子拒绝食物后常常伴随而来的愤怒和权力争夺。我们知道，也听过太多次，如果孩子在各方面都很正常且充满活力，那么他们吃多少食物都没问题。但当你的孩子只吃花生酱三明治的时候，这句话听上去就不那么靠谱了，尽管有时候它能让我们感觉稍微好点儿。虽然如此，我们还是想要尝试强迫孩子吃东西。为什么？可能是因为这个并不太令人愉快的事实：作为父母，我们的作用就是让自己变得多余。当第一次我们觉察到自己的孩子有能力拒绝我们的渴望时，那就像是一个隐约传来的号角声正在宣布我们角色的功能正在终结。我们不惜用暴力的方式强化我们的意愿，说明了我们那么不愿接受这个事实。

戈登和希尔达是一对50多岁的夫妻，他们正在讨论自己在童年时关于食物的经验。希尔达描述了孩提时的她被要求吃掉面前的所有食物，无论她是否喜欢或者饥饿。如果她不吃，那么在之后的每一顿，她的餐盘里都会放上她之前没有吃掉的食物，直到她把所有东西吃完。这种残忍和羞辱的对待孩子的方式在现代社会可能不那么常见了。戈登则告诉我们，他可以想吃什么就吃什么。有一次他只吃了香蕉和橙子。听到这里，希尔达插嘴说道，那么他小时候一定是被太宠溺了。有趣的是，他们俩长大后一个变成了很会挑嘴且不喜欢很多食物的人，另一个则变成了充满好奇和爱冒险的进食者，愿意尝试任何东西。我想让你们猜猜谁是谁。

一旦在食物上建立了权力战争，那么双方都有可能以巨大的热情和毅力来参与这个游戏。这本身就不是一件好事，但之后的事情更加可怕。即使成年以后，那些小时候与父母发生的争执依然存在于大脑中。我们内化了父母的形象。我们成为了她（或他、他们），然后继续以我们回应或想要回应真实父母的方式在回应内化的父母。

伊索贝尔出生在一个食物短缺的家庭。这并不是因为她家经济困难，而是因为她的母亲笃信严格限制食量。她经常只买很少的食物，也从来不在橱柜里存放东西，每次都在当天购买食物，也从来没有计划外的余量或者零食。因此也没有能让他们充饥的饼干或速食。

伊索贝尔尽自己所能来适应这种苛刻和资源贫乏的家庭——因为其母亲的情感资源和食物一样匮乏，几乎无法对家庭的情绪性饥饿进行充满爱的回应。孩提时，伊索贝尔把她的老师及朋友的家庭作为代理母亲，十五六岁时就同比她大很多的男孩发生性关系，以此获得一些"母亲式的关爱"。这样的应对系统在她离开家乡就读大学后崩溃了。她开始疯狂地进食，用食物来填补不被爱的空虚，同时也以此反抗严苛的母亲定制的饮食控制。吃掉一整盒饼干变成了对母亲的憎恨与报复，她现在无法限制伊索贝尔的进食了。

女性和食物——两难

伊索贝尔和她母亲的故事展现了女性在进食上尤其困难的一面。母亲（女朋友、妻子、姐妹、祖母/外婆）不仅仅是准备、购买和烹饪食物的人，同时也是必须限制她们自身食量的人。女性主义者让我们意识到文化对于女性纤瘦体形的要求。就如他们所指出的，几乎所有女性杂志都包含了女性节食的内容（"三日节食法""为沙滩做好准备"等）。在这些节食内容旁的则是督促她们为家庭准备食物的方法（"为家人做心形的布丁""为饿肚子的男人准备美味的炖菜"等）。这些明确要求着我们让自己挨饿的同时督促他人进食（"快，把它吃完，这有利于你的健康"）。[4]

这些复杂对立的家庭进食信息背后，是要求女性照顾好所有其他人，而不要照顾自己。女性应该在情感上慷慨地对待其他人，照顾好他们的需求和渴望，但忽视自己的需求。这些文化信息让女性太难知道自己是否被允许进食，以及吃什么和吃多少。很多我交谈过的女性都称在她们的脑海里有一个禁止食用的清单——禁止的意思是她们不可以吃，但其他人可以。食物被用来表达所有那些爱与不爱的复杂感受。

食物在家庭里的角色

这让我们来到了食物与进食体验的另一方面。我们已经谈论了母亲（或主要养育者）与子女之间在食物上的关系。尽管这是我们体验中极其重要的一个维度，但它并不是全部。还有就是食物在我们的家庭中的意义。食物与就餐时间在我们的家庭中是如何运作的呢？

贾丁有一个嘈杂、喧闹和拥挤的家庭。他们的就餐时光充满了大声的对话，每个人都在争先恐后地争夺就餐的空间。他们的家庭氛围很开放，孩子的朋友们常常来到他们家，加入这种活泼的氛围。他们的母亲凯特是一个优秀的厨师，不费吹灰之力就能够做出大量的美食。他们的父亲莱昂纳多，是一个乐于助人且懂得感恩的丈夫，他常常为所有人都享受到的美食感谢自己的妻子。对贾丁来说，就餐是能用来庆祝的愉悦体验。这并不是说他们不会难过或争吵，但用餐的时光总是那么快乐。

有趣的是，贾丁一家人都有点胖，就好像他们无法抗拒食物与用餐时光的快乐，但似乎没有人介意。可能这能支持我有关进食的观点。如果你像贾丁一家一样把食物当作庆祝的方式，并因此稍微变胖了一些，而你因为这点不开心，这才可能是个问题。如果你享受自己进食的方式，那么这就不算是什么问题。

奈特一家则不同，他们的用餐时间十分可怕且令人畏惧。父亲马尔科姆是一个有着暴力倾向的坏脾气男人，他会恐吓自己的妻子诺拉和他的孩子们。他会用就餐的机会来挑剔家里人的就餐礼仪、着装和他们所说的话或者说话的方式，以及他们脸上的表情等一切有的没的东西。就餐时间常常在马尔科姆的狂怒与家庭成员之一的痛哭中结束。他的女儿奥利维亚通过逃离家的方式来面对这个问题。在家的时候，她会尽可能快地把饭吃完，她的兄弟也是如此，他们都希望用这种方式让用餐时间尽快结束。然而，有时候紧张的气氛让她什么都吃不下，她经常只吃很少的东西。

成年后，奥利维亚发现自己严格重复着这样的模式。一旦感觉到紧张、难过或者不安，她就会开始快速毫无控制地吃东西，或者变得厌食，什么东西都吃不下。对她来说，建立一个规律、正常的进食模式十分困难，她的体重也因此经常出现大幅波动。

帕特里克由年迈的祖父母抚养长大。他们很关心他，但有着一套经年不变的行为规则，而作为一个预料之外的后来者，帕特里克很难适应。在整个就学期间，他一直一个人吃饭。一天结束后，他从学校回到家，然后一个人吃掉祖父母为他准备的饭菜。尽管饭菜没有任何问题，但他就是感觉很难专注在吃饭上。帕特里克说，他经常感觉自己宁愿和朋友在外面玩。他的祖母从来不陪他吃饭；吃饭从来不是一件有着情绪关联的事情。当离开家的时候，帕特里克觉得很难强迫自己吃东西。他的体重变得低于常值，他持续地对食物感到恶心。直到他开始建立亲密关系，并且发现一起吃饭的快乐时，他才意识到他将自己家庭孤独的勉强进食延续到了自己的生活中。

罗伯塔和母亲住在一起，她的母亲是一个经常上晚班的护士。她和母亲的关系十分紧密，甚至可以说粘连在一起，几乎没有什么朋友，因此她很习惯晚上一个人待在家里。当她回家时，她的母亲已经去工作了，因此罗伯塔自己做饭，然后在电视前吃完晚饭。她很想念自己的母亲，也感到十分孤单，但她会用电视和食物来掩盖自己的感受。就像她说的，"我只是坐在电视前面，完全意识不到我往嘴里塞进了多少东西"。

辛普森夫妇的生活十分无趣、百无聊赖。他们对生活感到失望，对他们来说，生活只是从一系列危险和危机中逃脱的结果。他们觉得门外的世界充满危险，所以在家里过着局限但可靠的规律生活让他们感到更安全。在这种规律生活中，食物有着很重要的意义：计划、购物、烹饪、吃和清洁都花费大量的时间和精力。这种生活已经持续了很久，而辛普森太太由于过量进食，身躯庞大。为了控制因此导致的高血压、心脏病和其他与体重相关的副作用，她摄入了大量的药物，而这些药物本身也有着很多的副作用。对于医生让她减肥的建议，她只是回复说她已经太老了，已经无所谓了，而且她吃得不多。"如果真要减肥，"她对丈夫说，"那么活着又有什么意思呢？"

在不同的家庭里，进餐时间有着非常不同的企图，也促进形成了我们与食物的经验。也许这些例子都不太符合你的经历，但是思考它们的过程可能可以帮助你觉察到在你的家庭里，进餐时间扮演了怎样的角色，你在继续这样的模式和传统吗，或者你希望继续这样的模式和传统吗？

► **停一停，想一想**

你的家庭中的食物

这个练习可能至少需要一个小时。你也许会想要和其他人一起做这个练习，这样你能和其他人的答案进行对比。

· 回顾童年，最好在 11 岁前，都发生了些什么？

· 回想一下在几岁时你能记得自己的家庭（或同住的人）在一个房间用餐的情境。（如果你无法回忆起那段时间的任何事情，那么选择能记得的最早时间。）

· 画出你们用餐的房间，画上人、家具、电视、狗或者在那里的任何重要的东西。

· 标注出里面的人。

· 回答以下问题：

（1）在这个情境中，是谁做饭或者准备了食物？

（2）那个人如何看待这份工作，态度如何？

· 她／他喜欢这份工作吗？

· 她／他厌恶这份工作吗？

· 他们想要做还是他们不得不去做？

（3）食物是为谁准备的？（我知道有一个家庭的情况是食物是为父亲准备的。他想要吃什么、喜欢吃什么，决定了这个家庭吃什么。如果他不吃饭，餐食就会完全不同。）

· 谁是最重要的就餐者？

· 是孩子吗？

· 还是家庭中的成人之一？

（4）在这个情境中你的就餐有着什么样的情感目的？

· 在那里应该发生些什么？

· 在那里不应该发生些什么？

· 是不是有机会吵架的场合？

· 是不是父母能够发脾气的场合？

· 是不是欺凌孩子的场合？

· 是不是愉快地分享自己生活的场合？

· 是不是完全静默或者禁止任何谈话（如打开电视）的场合？

（5）看着你的草图，思考图中的每一个人。

· 每个人互相之间都会说些什么？

· 如果可以交谈，他们会对你说什么，你会说什么？

· 将这些写在草图中。

（6）你对这些场景有着什么样的回忆？

· 你如何看待这些场景？

· 你记得发生了什么事情吗？

（7）当你想到这一切——你觉得在就餐时间发生的一切是否对应了在家庭中发生的一切？

· 你觉得它是否描绘了家庭内的关系？

· 场景中的行为是不是你的家人通常的行为方式？

（8）你觉得你是否拥有任何权力？

（9）谁拥有权力？

· 你觉得这个练习怎么样？

· 它引发了你什么样的记忆？

· 你有什么样的感受？

· 你能够观察到原生家庭中的就餐行为与你目前和食物的关系及看法之间存在什么样的关系吗？

这是一个很有用的练习。有些人在回顾曾经不愉快的就餐经历时感到十分难过。有些人发现自己在重复童年时自己并不喜欢的行为模式。还有些人意识到他们对食物的态度受到了早年经历的很大影响。思考这些事情可能十分痛苦，但它也给我们在当下作出选择的力量。当我们毫无意识地重复过去的模式时，我们就是这些模式的囚徒。看清自己的模式能给予我们空间去思考，也许还能改变它。

然而，食物在家庭中还有着超越就餐的意义。举例来说，食物的剥夺经常会被用来当作惩罚。这可能会是一辈子都清晰的记忆。一个 50 岁左右的女性一次又一次地告诉我，她的父母举办了一次晚宴，孩子们都被允许参加这次宴会。作为最小的孩子，她被宠坏了，最初她逗客人开心，但当行为太过分时，她的"可爱"就变得不那么有趣了，她在还没吃晚饭的情况下就被送上床睡觉。50 年之后，这次惩罚依然历历在目。

安东尼娅是一个年轻的女性，她经历了更严苛的对待。她的母亲在她 8 岁时就去世了，她的父亲完全没有能力从情感上照顾四个年幼的孩子，而安东尼娅是最年长的那个。她的父亲管理孩子的方式十分可怕。挨饿是他管理的方式之一。安东尼娅会因为小小的过错被关在房间里好几天。她父亲的财富和在社区里的地位让他没有因虐待儿童而受到指控。安东尼娅无法用轻松的方式来对待食物。孩提时，她会在家里（食物被锁在柜子里）或商店里偷吃东西。十六七岁时她有过一段严重的厌食时期，之后好几年都有严重的进食行为问题。可能一段时间一切都没有问题，然后安东尼娅会被想要暴食的冲动所折磨。在这样的问题行为中，她被自己的过去所淹没。

比起惩罚，食物更经常被用来作为安抚的手段。很多母亲用糖果来安慰摔倒的孩子。大多数牙医会用贴纸来奖励小病人，但有些医生仍然会在打针后给孩子们糖果以示安慰。因此我们甚至有"安慰性进食"这个术语可能也并不奇怪。这种对成年人的安慰更多针对的是情绪上的痛苦，而不是生理上的痛苦，更多指的是受伤的感受，而不是受伤的膝盖。

当然，食物也会被用作奖赏和贿赂。有时候我在和进食障碍患者工作时，我们会一起建立一个奖赏机制来帮助他们在进食问题中有所改变。对这些患者来说，找到除食物以外的奖赏是一件很困难的事情。食物带来的复杂感受可以在冰激淋蛋糕的广告语中得到精确的表达："甜蜜的折磨。"我们被食物带来的这种复杂感受所俘虏。两个在社交场合聊天的女性被询问是否想要块"富豪的黄油饼干"，即覆盖着太妃和巧克力的黄油饼干。其中一个拒绝了，因为这太有罪恶感了。她说，黄油饼干不应该再浇上那些东西。黄油饼干就够让人产生负罪感了，上面覆盖的太妃就像是对人类道德的侵犯。她的朋友则不以为然地要了一块，她觉得一块饼干不可能有什么道德价值。一块饼干不可能是好的或是坏的，是这样吗？

在我们的社会中，奖赏／贿赂机制在很多层面起作用。商业圈很常用它。董事的晚宴、有经费资助的午餐和晚餐、员工的圣诞节派对，这些都属于这个机制。实际上，在我们的社会中，进食和食物已经变得如此重要，以至于它们代表了一个人的身份地位与重要性。当然，在食物富足的社会中，所有和进食相关的细节都拥有了各种各样微妙的含义。没有一个人能不受它的影响。无数的进食机会，无尽的让味蕾得到满足的新奇味道与创意，让我们愈发失去了聆听身体需求并恰当地满足它们的能力。

举例来说，甜食不断地吸引我们去尝试。它们展现给我们最华丽的奖赏和联结，以诱惑我们食用那些没有任何营养价值，甚至会剥夺我们体内营养的东西。它暗示我们，它会让我们在社交和性上取得成功。我们会变得甜美，我们会变得年轻，我们会变得富有和放松。很多人都不能抗拒这些宣传，而这就是它们想要和希望达到的目的。

当下的进食模式

二战结束到现在已经60多年了，但在我们（西欧）的社会中仍然有很多人还记得定量配给。我们经常看到营养师这么说："定量配给对于英国来说，简直是再好不过的事情了，因为这样可以迫使英国人相对健康地进食。"但这样的情况并非社会能够选择的。就像经历定量配给年代的人所说的那样，那个时候确实没有胖子。因为食物的稀缺导致每个人摄入的食物都非常有限。

回顾二战前，那时还未出现福利国家，不如现在繁荣，充斥着饥荒和贫困。社会不公随处可见，人们也没有足够的钱去购买食物。

在最近的50年间，我们的社会才逐渐变得同现在一样食物充足，随之而来的是在进食上的巨大压力。我们逐渐习惯了随时随地可以获取的丰富、廉价的食物。自 20 世纪开始，食物的相对价格就开始稳定地下降，英国家庭大约会将收入的 50% 用于食物。1950 年左右，这一数字就降低到了约 30%；到 1980 年左右，降至约 20%，现在这个数字仅为 10% 左右。然而，我们还没有适应这样的改变。

人们的进食模式产生了根本的改变。举例来说，50 年前我们很少看到人们在街上或公共场所吃喝，而现在已经十分常见了。类似的还有餐间零食，就算曾经也常常出现，但那时这样的行为常被人嗤之以鼻。现在有越来越多的人不再有固定的用餐时间，食品业巨大的变化也开始影响人们曾经建立的进食模式。"碎片化进食"（grazing）指的就是那些常常无规律、不考虑时间节点的进食方式。曾经我们对什么时候吃和吃多少的确定感正在消失。对于很多人来说，他们对食物的内在心理确定感已经被破坏了，这样无边界的现代进食行为带来了很多问题。有趣的是，为那些进食行为失调的人们制定的治疗项目往往要求他们必须按照固定时间以完全传统的方式来进食，这样至少为这些人提供了在一个维度上的指导。

在一些观察家眼中，一些西欧国家——也许是法国、西班牙、意大利或者其他国家——在家庭结构小型化上似乎比英国或美国有着相对较少的问题。在这些国家，用餐似乎是更重要的家庭事件，依然存在着正式感和仪式化的价值。这一点也许可以对那些可能已经毫不在意食物和饥饿的人有所帮助。例如在法国，肥胖率仅为英国的一半。[5]

除了在食物问题上所产生的个体和内在困扰，社会作为一个整体也没能很好地适应丰富的食物供给。在我看来，还没有一个社会真正适应了这个情况。比起西欧国家，北美已经花了更多的时间来解决这个问题，它们的问题开始得更早，而我们似乎仍然在步其后尘。

但是只有在那些食物很重要的社会里，进食障碍才是合理的。对于厌食症尤其如此。简而言之，如果在一个很多人饥寒交迫的社会里得上了厌食症，那么你就不会显得异常突出。对于肥胖来说也是如此。在一个缺少食物的社会中，肥胖是权力的象征，同时也显示了个体在社会中的财富与地位。当我们都有机会过度进食时，仅有一部分人会这样做这一事实赋予了这一行为特有的情绪意义与重要性。如果出现更奇怪的行为，如有些人会先进食再催吐，让这些食物无法为身体提供营养，那么他们实际上是在用更激烈的方式作出声明。

本章显示了我们的个人经验与所处的社会文化为我们的进食行为提供了背景。这种体验不一定会让我们出现失调的进食行为，但当我们感觉到必须使用食物的时候，它的确为我们提供了一种语言以及一种行为方式。如果我们觉得有需要，它会给予我们武器——一种攻击性的武器。我现在想要继续探索的是为什么我们会去选择这些杀伤力巨大的武器。

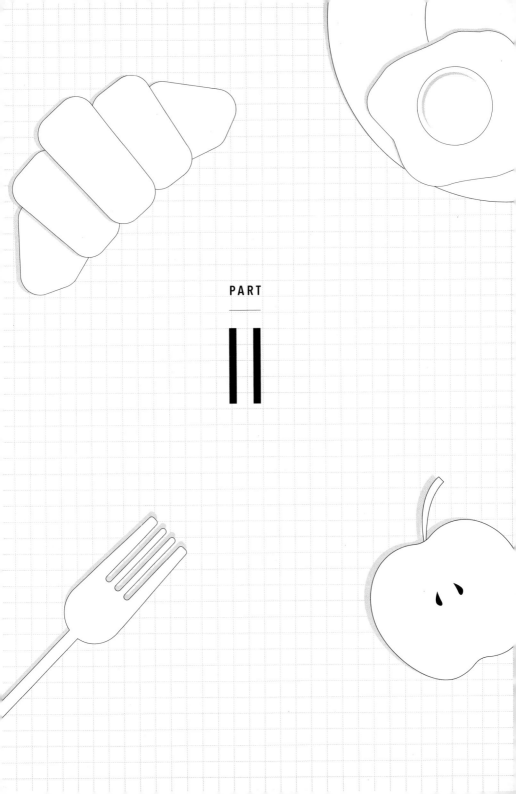

PART

II

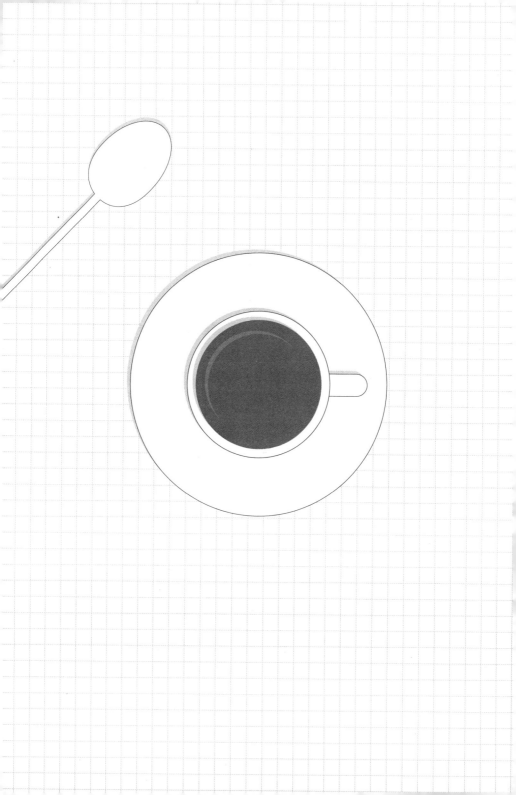

作为危机应对方式的失调性进食

在一段有着合理历练的人生中，这（危机中的
行为）只是路上的一个小坎。

——艾伦·努南（Ellen Noonan）：

《来咨询的年轻人》

（*Counselling Young People*，1983）

在第1章里，我描述了孩子如何对其主要养育者
发展出安全的依恋，他在这些良好环境下所接收到的
关怀又如何形成了他能够给予自己（和他人）的关
怀。在逐渐成人的过程中，哪怕不再与原生家庭一起
生活，个体也需要有能力去重复他所习得的关怀模
式。所以，我们期待年轻人能够从与父母的家庭生

活，过渡到作为成年人（可能离家读大学）的半独立生活，然后最终过渡到作为成年人的独立生活。我们也期待他们能够处理新的情况与新的感受。当依恋体验是好的，即一个年轻人有着安全的依恋关系，通常他处理起这些挑战就会相对容易。我们期待年轻人在周末回家，尤其是他们初次离家后，但我们也期待他们能够逐渐发现新生活的趣味与成就感，减少回家的频率。然而，当一个新的环境太过艰难或太令人畏惧，那些起初安全的依恋就不足以支撑他们，这时他们可能就需要食物来帮助渡过难关了。

当感到自己面临着极端的压力或危险时，我们会使用紧急措施来应对当下的情境。最常见也最明显的这类情境莫过于一个女孩的第一次离家。通常女孩第一次离家就读大学或独自居住时，她们的体重会出现相当幅度的增加或减少。这种情况出现得太过频繁，以至于有一系列常识性原因可以用来解释这些现象：餐厅的食物太容易让人发胖；她不喜欢餐厅的食物；她太喜欢吃快餐，也不喜欢自己做饭；她的饮食太不均衡；她不知道怎么好好做饭；厨房设备不好用；她不得不和很多人共用厨房；她是素食者，他们给的素食太难吃了；等等。

对很多年轻人来说，初次离家的确是人生中特别艰难的时刻。就算离家是他们的愿望，就算他们可能已经受够了在家的生活，意识到家庭的问题与缺陷，也无济于事。他们希望自己能够轻松地适应独立的生活，很可能其他人也是这么期望的："你会有属于自己的家……我想你会很期待去做自己的事情……

你会很高兴离开家进入大学。"当然，对很多人来说他们的感受的确如此，但是这远没有像其他人甚至他们自己期待的这么简单。

我们所谓的这种常见的焦虑，常出现于从在家的青少年生活过渡为需要逐渐独立的成年人的过程中。这种焦虑并非我们后面将提及的进食障碍中体验到的更严重的困难，这种严重的困难来源于从儿童到青少年，再到成年人的过程中，个体遇到严重且长期的问题所带来的影响。然而，即使这些短暂的困难不那么严重，也并不意味着它们不令人感到痛苦。

菲奥纳的故事

菲奥纳在离家很远的伦敦找了一所大学就读。她家住在安静、偏僻的乡下，那里的生活很安静、老派和保守。菲奥纳自己就是一个比较安静、保守和老派的女孩。但至少对一部分的她来说，的确渴望生活有些不同的刺激，否则她不会选择迈出如此激进的一步。对她来说，在伦敦生活和学习十分可怕。她为同学的言谈举止所震惊。他们恶俗的言语、色情的对话以及对酒精和毒品的沉迷让她无所适从。他们对性的随意、他们的自信，对她而言，还有一些学生的野心，这一切都让她感到可怕。她觉得几乎没有人喜欢她，而她对其他同学显而易见的不认同和厌恶理所应当地让她无法交到朋友。上课的时候她尚能像游魂一样生存，但当回到宿舍时她就崩溃了。

她选择用来掩盖伤口的东西就是食物。她每晚都会在宿舍无人的厨房里独自坐在地板上吃着黄油和面包，对她来说，这就代表着童年和家。不到半学期，她就长了十几斤，与此同时也失去了自信与自尊。她最无法忍受的是思家的痛苦，正是这种感受让她不断尝试通过食物来缓解。凭着这种勇气，她撑过了第一年的大部分课程。只有当她开始接受想家并没有那么可耻时，她才能够允许自己考虑其他课程和其他离家近的学校。

菲奥纳在青少年时期的心理发展过程并没有出现什么问题，但她作出的改变远超过当时她所能够承受的范围。当能够感觉到不需要为自己的感受所羞耻时，她不再需要通过面包和黄油来消除这些感受，也就可以开始制定更适合自己的性情与情绪发展的计划了。

▶ 停一停，想一想

思考一下你人生中的那些过渡期——可能是从高中到大学，从住家到离家，从学习到工作，从单身到恋爱，从受父母资助到经济独立，从与家人生活到与他人同居，从结婚到离异或丧偶。你认为这些转变如何影响了你？对你来说，是否有哪个阶段特别煎熬？你认为这个阶段是否影响了你的进食行为？你需要何种支持，或者说你现在需要什么来帮助你更好地应对这个时期？

哀悼的时刻

在菲奥纳的情况里，仍有一些情绪没有得到处理，很可能是因为没有人鼓励或者没有机会让她去处理这些情绪。这些情绪的处理就是对丧失的处理。很多人认为我们的生活就是不断变得更好的过程（至少到中年为止还是如此）。年龄渐长与更加成熟的好处似乎显而易见。这不仅仅限于对自身身体掌控与成熟的自然渴望——协调、身体的强壮、身高、体重——也包括从青春期到社交成熟。可以吸烟、喝酒、熬夜、驾车、独自外出、做爱、看成人影片、赚更多钱，这些都让成熟显得格外诱人，也让我们变得更难以让自己按照实际年龄和心理年龄去生活。自然而然地，这就给我们带来了影响，让我们很难为我们丢下的生活曾带来的快乐哀悼。似乎在当今的世界里，彼得潘很难得到理解与同情，但我想一定仍有不少人会为自己进入青春期所丢失的东西感到痛苦。

对于从青少年到青年的过渡期，我想要分享另一个相似的故事。想要表达离家的哀伤——为我们与父母一起生活的终结而哀伤——并不总是那么简单。有些文化并不鼓励这种哀伤。但有证据表明，这种自然的哀伤并非多余，而是我们面对人生发展下一阶段挑战时需要且应有的能力之一。

同样，从单身到有伴侣的转变，从无牵挂的人生到身为父母，还需还贷，都并不容易。这些成年人的责任对于我们内心孩童的那部分来说——那些我们常感觉强烈，甚至无理性的那部分——充满了悲伤，甚至悔恨。

丹妮丝的故事

　　丹妮丝第一次真正变胖是在 27 岁时。三年前她刚结婚，并且很享受自己的婚后生活。她装修了自己的家，并和自己的伴侣生活在一起。他们共同生活在一套公寓里，并且有着双方都感到舒服的生活节奏。丹妮丝的丈夫戴维在离家几英里的地方工作，她自己则在附近的幼儿园工作。丹妮丝十分喜欢孩子，所以她与戴维决定组建一个家庭并不令人惊讶。26 岁时，她生下了一个健康的女儿。这就意味着她需要停止工作一段时间，而她决定在女儿去幼儿园之前都不再工作。出乎意料的是，在家做母亲的生活比她想象的要艰难许多。孩子消耗了她所有的时间和精力，这让家务活变成了一个难题，她几乎没有时间与朋友会面，或者与其他母亲一起聊天。丹妮丝的母亲住得很远，无法每天来她家帮助和支持她。她可能变得抑郁，但她又怎么能因为这么可爱的孩子而感到抑郁，不是吗？所以她通过整天吃零食来隐藏自己的感受，蒙蔽自己和其他人。她告诉别人，生孩子长的肉太难减下来了，但实际上她的体重在不断地增加。很幸运的是，有一个很能理解她的健康访视员注意到她在不断长胖，并且询问她最近感受如何。令她自己都十分惊讶和尴尬的是，丹妮丝号啕大哭，并且将自己感受到的无力倾诉而出。那个健康访视员安慰丹妮丝，她需要时间去适应生活中出现的巨大改变，这一点对丹妮丝十分有帮助。她还建议丹妮丝应该更多地与丈夫交流，他可能对她所感受的一切一无所知。这两条简单的建议让丹妮丝能够意识到自己在新情况下所需要的帮助，并且允许自己对曾经无忧无虑的无子生活感到哀伤。当加入了妇产医院的家庭互助小组后，丹妮丝发现她不是唯一一个怀念周末晚起或工作社交的人。新的朋友和重新建立的自信让她的进食行为恢复正常，她的体重也恢复到了原来的数字。

食物与关系

危机的另一领域就是关系。对于女性来说，当关系——尤其是亲密关系——出现问题时，暴食或节食在危机中都十分常见。再次说明，我们这里所指的正常起伏是在寻找长期伴侣的过程中的正常部分，而非更严重的进食障碍（我们会在后面提及），对于这些维持任何关系都极度困难的人来说，进食障碍可能成为了对这个问题视而不见而形成的行为模式。然而，这些危机的"常见性"并不意味着它们就不能够带来极大的痛苦。

艾丽斯的故事

就举艾丽斯的故事来说吧。她是一个活泼、聪明、幽默且受欢迎的女孩，有着十分忙碌且活跃的社交生活。她受欢迎的原因之一就是她总是那么好相处，永远都在微笑。与男朋友分手时，她也不曾感觉到困扰。她会感觉到一点难过，但也仅此而已：来得快，去得快。她的忧伤很快就会离开，她又变成了原来的自己。

但在这种轻松的自我应对之下，是一个用食物来解决自己生活中由男性带来的危机的女孩。尽管她会为自己无法保持体重而感到烦恼，但这个事实连她自己在很长一段时间内都不曾意识到。不管怎么样，这套应对方式三年来运作得还算不错，所以她又怎么会意识到这个问题呢？但在一个秋天，她和一个很喜欢的男孩分手了。然后，她开始长胖，开始没法好好工作，开始大段时间地请假，且变得非常抑郁。在她的人生中，抑郁是个新事物。自记事起，她从来没有这么痛苦过。对她来说，这已经足够提醒她需要帮助，尤其因为，据她所说，生活一切都很好。她不知道自己是为什么而抑郁。对她来说，分手只是在她的生活中发生的事情而已。

渐渐地，她开始尝试回忆是什么时候感到难过，以及感到抑郁的时候都发生了什么，然后她就清楚地意识到与男友的分手让她感到十分痛苦。但这让她十分不解，因为她从来不曾因男友而感觉伤心。接着，在没有意识到两者联系的情况下，艾丽斯开始说起她生活中真正的问题：她无法控制自己的体重和进食。很快，她开始意识到这两者之间的联结。可能她并不在意识层面上感到痛苦，但当她用食物塞满自己的时候，内心的某个地方一定感觉到了受伤。然后当我们开始讨论她的家庭及其如何处理问题时发现，艾丽斯的家庭从来不处理危机。家中没有人被允许感到难过，尤其是艾丽斯。她的母亲坚持艾丽斯必须常常保持微笑，甚至在接到电话感觉艾丽斯说话不够欢快时会马上挂断。

实际上，艾丽斯的进食行为问题是一种应对不愉快的巧妙方式，因为她从未习得如何更开放地表达这些情绪。但是，这种方式被证明不足以应对真正痛苦的丧失。她的痛苦不得不以抑郁与紊乱的进食行为的形式呈现。那么她应该如何以不同方式去表达这些痛苦呢？

艾丽斯拥有很多资源。其一，尽管她的家庭尤其是她的母亲不懂得如何应对危机，但她很幸运，有着幸福的童年。她有着安全的依恋，且是一个被父母深爱与关怀的孩子。因此，和我在本书中描述的很多人需要做的不同，她并不是一个在危机中应对糟糕童年的年轻女性。简单来说，她所需要的只是一点帮助，让她可以找到一种更直接地应对她与男性关系的方式。其二，她很想摆脱进食问题。她想要减重，并且变得像曾经一样那么漂亮。她曾经不断尝试与食物作战。因此，她很有动力用另一种不同的方式去改变。其三，尽管她很害怕感受到自己的痛苦，但她并没有那么地害怕。在她的身体里，实际上住着一个十分强大，且有能力去承受很多痛苦（她父母全心养育与照料）的人。

当我们讨论到这里的时候，我有几周都没有见到艾丽斯了。下一次再来的时候，她与我分享了下面的故事。她和一个亲近的男性朋友一起去了一趟旅行。他们当时正在找一个想去的地方，但是却误上了反方向的车。坐错车带来的焦虑与不安让艾丽斯哭了起来，而一旦开始大哭，她发现自己很难停下来。她的朋友问，他能怎么帮她。她说，她想他带她回他的公寓。他这么做了，并且陪着她，照顾着她。她几乎哭了三天，为在过去三年里她曾经应该哭却没有哭的一切。她说，在那三天里，她意识到了她所没有感受到的一切，以及她应该感受到的一切。她说，这一切又糟糕又可怕，但却是一种好的糟糕和可怕，而自此以后她感觉自己好多了。

这个故事里值得注意的还有，一旦艾丽斯得到了允许，她马上就知道自己到底需要做些什么。除此之外，她可以找到恰当的时间和情境、安全的人和地点去做这些事情。她并没有有意识地去做任何计划，但为自己提供了一个很好的机会去处理那些堆积很久的情绪。

毫无疑问，这并不是故事的结局。人类的改变发生得并没有如此迅速。但是艾丽斯直接表达自身情绪的能力有了质的改变。在支持和鼓励下，这些改变很有可能继续维持下去。同时，艾丽斯的进食障碍从怪兽级别变为了一旦出现她就能识别的状态。现在，当艾丽斯想要暴食的时候，她能够停下来并问自己这样的问题："今天是什么让我感觉到难过了？"

艾丽斯内在运作的心理机制也常在那些容易厌食或暴食，而非那些强迫性进食的人中出现。当亲密关系出现问题时，他们就会让自己挨饿或者暴食。这与在哀伤或哀悼中常出现的进食行为的改变并不相同。厌食与暴食取代了哀伤与哀悼，而实际上它们阻止了哀伤与哀悼。哀伤与哀悼是对情绪需求、渴望与依赖的认知，通过这个过程，个体才能与丧失和解。节食想要消除的正是需求与丧失带来的痛苦。

▶ 停一停，想一想

· 你是如何处理你的亲密关系的？

· 你是否通过摄入（或回避）食物来处理关系的问题或破裂呢？

· 你怎样才能更好地管理痛苦？

· 如何通过不进食（或其他对你不好的东西）的方式来安抚自己？

· 你是否能够找到一种与自己温和对话的方式？

· 有谁能够在你需要时聆听和支持你？

应对突如其来的创伤

就算是有着安全依恋且自信的人也可能会在遇到不知如何应对的事件时感到难以承受。曼吉特在一个停车场工作。当一群戴着头盔与棒球帽的男人袭击停车场时，她正当班。不出意料，她被吓尿了裤子。她的同事交出了所有的现金，那些歹徒没有伤害任何人就离开了，但曼吉特受到了严重的精神创伤。很快警察赶到，她不得不花数小时来录口供。当一切结束时，她才得以回家。当天晚上，甚至在之后很长一段时间里，曼吉特都会出现被抢劫记忆的闪回。她感到自己完全无法正常工作，甚至不愿意离开家。她的家人和男朋友听闻发生的一切感到十分震惊，并为她提供了很好的支持，但他们不得不继续自己的工作。曼吉特白天只能独自在家。她发现看电视和听音乐能帮助转移注意力，让她能感觉好点；喝热巧克力和吃饼干也能够安抚自己。最初，曼吉特的雇主表示十分理解，允许她请假，但 10 天之后就开始催促她回到岗位上来。那时，曼吉特仍无法出门，并且重了十几斤。幸运的是，她认识很优秀的医生。去看医生时，她能泪流满面地告诉医生她有多害怕，现在对突然出现的声音感到很不安，晚上也很害怕入睡。医生给她开了合适的药物让她能够感觉不那么焦虑，并将她转介至危机咨询，她在当周就接受了咨询。几乎很快，她就开始感觉到改善，并能够开始上班，几周后她就停止了用食物安抚自己的行为。曼吉特从本质上来说是一个有安全感且强大的年轻女性，通过帮助与支持能够面对令人胆战心惊的被抢劫经历。然而，在危机中她也暂时地通过进食来安抚自己。当感觉到好转时，她能够放弃这些行为，并回归原有的进食模式与体重。

吃掉你的忧虑

最后，有一种失调性进食行为来源于人们对"忧虑"的回应。如果一位女性体重增加或减轻，人们常常就会顺手拈来一些普遍的日常解释："哦，她一定在担心些什么。"但是，一种更准确的描述应该是："她试着让自己不要这么忧虑。"每一个人都有很多事情需要担忧——钱、考试、关系、工作，还有家庭。很多人的生活很复杂、很忙碌，他们尝试去满足所有不同种类的需求。通常解决所有这些压力的方法就是试着通过进食或者节食来消解这些压力，而不是思考到底是什么导致了这些压力。

有一种积极且具有创造性的忧虑方式，也是一种必需或者应有的担忧——"担忧忧虑"。当然，可能存在一种能够阻止情绪工作的忧虑方式。我们能够在脑海里不断重复毫无意义的那些让我们担忧的事情。这种忧虑一点儿也没用——担忧后门有没有关好，担忧房子是不是打扫得够干净，担忧钱和账单。我们能够在并不解决我们担忧的事情的情况下不停烦恼。但是，还有一种忧虑是有价值且必需的。如果我躺在床上担心门是否关好了，那么我就应该下床去检查。这种担忧——恰当程度的担忧——促使我们去做需要做的事情。当我们使用食物来处理忧虑时，这种创造性的担忧就可能无法出现。

就拿一个常见的情境来说吧——一位年轻的女性在两天内就要参加一场考试了。她很担心这场考试，但无法用创造性的方式来担忧。与此相反，她坐在书前，拿着一包饼干和一杯咖啡。饼干让她分心，它的香味和色泽让她无法集中注意力。她觉得自己不应该吃，但还是吃了一块，而且还想再吃。她开始吃饼干，一块接一块，自责感让她越发不能集中注意力。她以无意义的方式担忧考试，但也用食物来让自己停止忧虑。如果她能够和自己的担忧进行工作，她就能知道自己需要在今晚复习一本笔记，明晚复习另一本笔记，然后才有可能通过这次考试。在那一刻，她认为自己在学习，但实际上她在犹豫是不是应该吐出来，因为她吃了一整包的饼干，如果继续吃下去她会"胖得像只猪"。

当然，今晚也可以以另一种方式度过。一位女性即将参加一场招聘面试，但是她觉得在变瘦之前自己不可能面试成功。她无法认清"自我"与自己外表之间的差异，以至于她尝试通过变瘦来提高自己应聘成功的概率。因此她花费了十天去纠结体重、进食、身材和热量，完全没有工夫思考如何在面试中展示"自我"以及研究公司。这很可惜，因为面试中的良好表现需要她花时间去准备自己的思考与想法。那些实际上需要去准备的，她却没有去做。她没有去做那些应该去做的事，反而关注所摄入的食物。

▶ 停一停，想一想

你是如何应对那些让你担忧的事情的？你最常担忧的是什么事？你觉得自己是否会尝试用食物来处理自己的烦恼？如果你能直接地应对这些困扰，你会怎么做？当需要建议和帮助时，你能够找到谁？

以上并非人们在生活中可能遇到的所有危机，但这些已经足以证明我们的观点。除非处于危机状态，否则我们的进食行为可能无足轻重，一旦遇到危机，我们可能马上就会发现自己开始暴食或者节食。如果能允许自己发现生活中发生的事件与我们如何进食之间的联系，我们可能可以在短期内容忍自己的进食行为，同时去寻找新的应对方式。

关于成为女性

本书的主旨即女性的强迫性进食是一种对她们所处社会情景的应对。

——苏西·奥巴赫（Susie Orbach）：
《肥胖是女性主义问题》（*Fat is a Feminist Issue*, 2006）

在第2章中，我们讨论了因食物而产生的联结，我们与食物相关的记忆、历史和经历，当然，这并不是女性的独有属性。我们皆有一辈子与进食相关的记忆，无论男性还是女性。但是，进食障碍，在很大程度上，可以说是女性专属的问题。（不过，男性在本书中也会有属于他们的一章。）为什么呢？部分是因为女性倾向于用伤害自己的方式来表达她们的痛苦，而非指向外界和攻击别人。女性主义作家尝试用更深层次的方式来回答这个问题，本章将会关注女性主义作家如何理解女性为何受身材、食物和进食等问题的折磨。

莫拉格的故事

莫拉格最开始的问题并非她与食物的关系，而是她的抑郁。当她开始倾诉自己过去的人生时，我们发现她得上抑郁并不是件令人惊讶的事情。她是一个20多岁、健康的年轻女性，但她的生活是那么单调无聊，以至于她完全有权利抑郁。莫拉格是大学二年级的学生，她不仅被学习与学生社团，还被伦敦丰富多彩的文化与社交生活的诱惑和刺激所包围。

在这样充满诱惑的环境中，莫拉格的生活刻板单一，有着从不打破的规律。她每天在同一时间起床、吃饭，在同一个时间、同一个图书馆的同一个位置学习。周末让她无比焦虑，因为没有了讲座与课程，她的生活不再有刻板的框架，所以她开始像上课那样规律地安排家务，例如在宿舍里洗衣服和打扫房间。在这样众多规则与条律背后似乎隐藏着另一个莫拉格，这个小线索就是她还是教堂唱诗班的成员。但就算是唱诗班的活动也严格地遵从了同她的生活一样的刻板规律。

此外，莫拉格超重得相当厉害，还常常穿着不符合她年龄的过时服装。可能她的着装风格遵从了她的母亲，但这也显示了她作为一个女性对自身身体吸引力的自信受到了严重的破坏。实际上，她看上去像一个无聊的古板女性。随着我们的交流，有关莫拉格的生活方式、忧伤和绝望的更多细节逐渐浮现。她在常去的教堂里有一些女性朋友，偶尔她会与她们一起外出。同样，她在宿舍也有一个女性朋友。她们曾经会在每一天的晚上10点一起在睡前喝杯热巧克力。莫拉格的内心有一部分顽固地坚守着这样的生活方式。她觉得学业困难，所以需要大量的时间学习。她每天都需要时间处理自己的课堂笔记，这是她学习的方式。她不想在晚上外出，因为这让她第二天很疲惫。她不想参加派对，因为人群让她感到焦虑。除此之外，她有时会和朋友一起去看电影。

但是，莫拉格的内心有一部分感觉到了孤独、不开心和不满足。她很担心自己的体重和身材。"要是，"她常说，"要是瘦一点，我就不会感觉这么糟糕了。我就不会介意出门，因为我就不会感觉到每一个人都看着我，想着'老天，她真胖'。"渐渐地，她能够告诉我她与食物的斗争，有时候在周末她感觉自己陷入了疯狂的挣扎。

到底发生了什么呢？她过去的依恋是如何形成的？不久后，莫拉格开始讲述她的家庭，这时她的故事才稍微清晰起来。她的父亲是一个酗酒的恶霸，常常威胁和恐吓自己的妻子和两个孩子。他会因暴怒而殴打家人，尤其当家里那些布置与安排的细节无法让他满意时。莫拉格的母亲承担了所有家务，她害怕自己的丈夫，并且常常受他虐待。他有许多方法来维持自己的暴君地位，其中最简单的就是不为家庭提供任何经济支持。莫拉格的母亲将所有精力都放在保护自己的女儿不受丈夫的伤害上。

所以毫不意外，莫拉格很高兴能够逃离这个环境，她努力学习，得以进入大学来摆脱一切。但是，当进入了大学后，她却不知道该做些什么了。她没有社交经验，因为她的父亲常常禁止她夜晚出门，也不允许她带朋友回家。她不知道如何放松和娱乐，因为为了生存，学生时期的她创造了严格的框架来完成学业。她在大学里所制定的一成不变的规划是她延续旧有保护系统的一种方式。

但同时，莫拉格知道真正的生活不仅限于此。她对男孩感到好奇，但也十分害怕。大一时她曾被邀请参加新生舞会，但极度恐慌令她拒绝了邀请。之后，这种恐惧被不断出现的对自己身材的焦虑所代替。一次又一次，她告诉我要是能够瘦一点，问题就解决了。

与此同时，莫拉格开始诉说当她拿到学位之后可能会去做的事。她告诉我她喜欢孩子，但是又觉得并不想要一个丈夫，甚至一个男朋友。实际上，她有考虑过使用精子银行的服务。我问她，是什么让她觉得和一个男性生活如此令人抗拒。然后莫拉格开始滔滔不绝地诉说男人有多可怕、多伤人、多自私、多残忍、多冷酷。我又问，那么和男性一起生活的女性呢？她说，就像是一个奴隶，被利用，被使用，是一个受害者。她感觉还不如一个人生活。

莫拉格对男女关系的理解并不令人惊讶。这是她所知的关系模式，她无法想象其他的模式是怎么样的。75% 的人不断地重复着我们童年时候的依恋模式。如果你的依恋模式是安全的，你有着安全和充满爱的关系，这就没有什么问题；你会发现选择一个温暖且充满爱意的伴侣是件相对容易的事情。但对于那些有着不幸依恋经验的人来说，他们往往容易选择自己熟悉的模式。有研究证明了，至少对于一些人来说，男孩和与自己母亲相像的人结婚，女孩和与自己父亲相像的人结婚。莫拉格对于选择像她父亲一样的人充满了恐惧。

莫拉格并没有意识到她在描述的是自己的父母之间及父母与他们之间的关系。就像我们中的大部分人那样，她以为所有人都有着和她一样的经历。不幸的是，她没有机会去发现事实并非如此。她在潜意识里坚信，和任何男性确立关系都会将她置于她母亲曾经的处境之中。莫拉格的生活可能很有限，但她不是个像她母亲那样被剥削的奴隶。她的身材、外表，她的生活方式，她对食物的渴望，都是她用来保护自己不重蹈母亲覆辙的方法。她认为自己害怕男性和他们的性冲动，但她也害怕自己的性感受，因为这会给她带来与男性交往的风险。

当莫拉格开始意识到她对女性形象认知的来源，她开始能够思考是否有除了其母亲那种之外和男性建立关系的方式。她可以开始思考她想要怎样的关系。当她变得不那么害怕，更怀有希望时，她发现她的进食冲动变得不那么严重，体重也开始下降。

可能莫拉格的情况是女性抗拒社会赋予其角色的极端例子。但即使她对于成为女性的经历不尽如人意，我想这也是一个很好的例子，它展现了女性如何利用强迫性进食来防御自身对他人的吸引力。它占据了全部注意力，让人可以压抑自身的性需求。当你将注意力放在进食、身材和体重上时，你会很难继续一段关系。

> ► **停一停，想一想**
>
> ·你在两性生活中是一个怎样的形象？
>
> ·你觉得你的自我形象是否映射了你父母之间的关系？
>
> ·如果你曾有意试图寻找与父母之间相互关系不同的伴
> 侣，是否成功了呢？
>
> ·你是否觉得自己总是爱上会伤害自己的人？
>
> ·你是否考虑过将吸引自己的特质列成表格，而不是凭
> 感觉走？

瘦就是美？

让我们更深入地思考这句话。这句话暗示着，对于女性要想得到"性感""有吸引力"的评价，存在着一种公认的体形。希尔达·布鲁赫（Hilde Bruch）[1]在她有关厌食症的书中将"时尚"看作一种促使女性变得更瘦的压力，在厌食症患者中，这种压力则已全然失控。实际上，时尚的历史就是女性的不同身体部位在不同时期被关注的历史，女性的身体被要求保持特定的大小与形状。

让我们花一点时间想想，当下以五花八门的形式呈现在我们眼前的女性形象。广告业在电视、公告牌、杂志和新闻中描绘了女性的形象。通过这些无尽的视觉图片，我们看到了那些性感、有吸引力、富有、轻松、美丽和年轻的女性都有着纤细的身

体——而无论宣传的产品是什么，这些形象皆如此。

然而当我们全面地思考金钱和压力，而不考虑时间、担忧和焦虑时，我们尝试变瘦的努力似乎徒劳无功。大量的女性（和男性）的体重远超健康标准，更不用说在各种广告、媒体中标榜的标准了。此外，就算成功摆脱了多余的体重，我们能做些什么来保持理想体重呢？不同的研究都得出了同样的结论——仅有极少数人能持续减重达一年时间。[2]

无法减重或保持身材，其原因不外乎无法坚持、缺乏自制力、缺少自我约束等。女性主义者们拒绝了这些论断，并提出可能女性需要的不是瘦，她们无法控制进食或降低体重，她们强迫性进食以致体重无法下降，也许从某种程度上来说是有意义的。可能肥胖对于女性来说达到了某种目的，这种目的是抗议女性身体的被物化与被滥用，是抗议社会赋予女性的角色。

▶ 停一停，想一想

你觉得媒体上的哪些形象会对你产生影响？你认为自己有拿这些形象来进行比较，或者拿自己和别人进行比较吗？你很可能知道粉饰过后的形象看起来和现实会有差异。这样一想，会不会让你看到那些（例如）名人照片的时候感受好一些？对你来说，你看上去怎样有多重要？你可以素颜或不洗头出门吗？你渴望不受这些影响吗？

胖是个信息

苏西·奥巴赫（Susie Orbach）针对女性的部分工作极其有趣，她发现了女性为自己的肥胖赋予了积极的意义。当然，我们中的大部分人很熟悉因为肥胖而痛恨自己的过程，我们对自己所摄入的每一口食物感到厌恶与自责，对自己的身材与体形感到恶心（尽管从理性层面看这些感受十分荒谬）。更有趣的发现是，如此抗拒变瘦的决心究竟达成了我们内心什么样的愿望。

奥巴赫发现了强迫性进食能达成的两个主要目的。一为反抗女性无能形象的力量。二为表达愤怒。媒体中常向公众呈现的女性身体形象的特征之一就是生理性脆弱。这些女性往往穿着极度不舒适与不便的衣物（也的确经常这么穿着）。穿着这样的高跟鞋和紧身裙根本无法奔跑。除此之外，通常展现的女性形象几乎没有任何肌肉发育。理所应当地，她们这么瘦，不可能有多重。这也形成了一个完全的不平衡，男性往往更高、更重，也更强壮。男性被鼓励去参与身体锻炼和竞争，女性则被约束参与这些活动。与这些身体脆弱同时展示的往往还有智力上的无能。一些女性实际上会用装笨来维持这种智商的不平衡，匹配身体上的脆弱（假装不知道车辆如何运作；不去弄明白养老金与保险）。随之而来的还有情绪上的脆弱——女性宁愿哭泣也不愤怒，宁愿郁闷也不愿说出自己的所思所想。

毫无疑问，很多人都想要摆脱这一切。一些人能够直接地面对这些不平等。强大的女性模范数不胜数（比如在体育界、商界、政界）；我们中的很多人都在以女性的身份努力着。但社会文化环境常常让处境变得艰难，所以一些人只能"曲线救国"。有些人能找到的方法就是通过增加体重来变得更有力量，从隐喻层面来减少我们的脆弱、弱点与无能。我曾经共事过的一位女性告诉我，当她和丈夫一起坐上床的时候，她的体重使床垫倾斜了，这让她丈夫感到不太舒服。当她告诉我这些时她笑了，她很高兴她的体重对丈夫产生了影响。

▶ 停一停，想一想

对你来说，不瘦下来实际上是一种声明吗？尝试探索是否有这样一种可能。列出一些能够解释自身想或者不想减重的原因。你可能认为减重只有好处、没有坏处，但是可能你将发现变胖给你带来了些什么，例如：

· 你的体重是否成为了别人对你要求的限制？

· 你的体重是否可以让你避免违背意愿的性行为？

· 摄入大量食物是否弥补了你在生活中无法被满足的其他渴望？

· 吃东西是不是唯一能够给你带来快乐的事情？

瓦莱丽的故事

　　瓦莱丽在小时候曾被性侵。很小的时候起,她就是一个性活跃的孩子。她身材魁梧,很高、很强壮,也很重。尽管(或者说因为)身材魁梧,但她是一个优秀的运动员,在壁球和网球场上与男性同台竞技。她敢打敢拼,因此在这些赛事中是一个极具挑战的对手。当地男子壁球冠军也常常来找她打球。他们的比赛很激烈,但常常男性是赢家。瓦莱丽意识到要在球场上提高速度,她必须降低自己的体重。她开始节食,体重开始下降。在运动上的竞争力与毅力让她获益匪浅。几个月后,她的体重下降了,她在球场上的速度也提了上来,她开始在壁球场上赢球了。接着她停下了自己的减重计划,不是因为她达到了自己设定的体重,而是因为她开始感到自己不那么有力量了,也不那么有掌控感和自控感。似乎她对自己的力量、权威和自我的认识与自己的体形完全联系了一起。如果降低了太多体重,她就会感到脆弱和危险。这种恐惧实际上与她幼年被性侵的经历有关。在她的两性关系里,她拒绝让自己感到太脆弱、太投入,在人群中她依靠自身的体形、体重和力量来告诉自己,如果可以,她再也不会让自己成为脆弱和无力的人。但通过其体形,她也表达了当初被虐待而带来的愤怒,这可能是她现在仍然无法感受到的情绪。她的体形在大声地表达她不再是曾经的受害者。至少,她将不会再重演自己过去的依恋关系。

温迪的故事

温迪结婚已经有好几年了，但因为对工作与自身职业发展的兴趣，她一直没要孩子。然而随着年龄的增长，已经到了如果她想要拥有一个孩子就必须计划这件事的时刻。实际上，她和她的丈夫发现怎么也怀不上孩子。生理指标都没有问题，但是很多医生都告诉温迪她需要减重来降低血压，而她好像根本没法做到减肥。她严重超重好几年了。但温迪很清楚一件事——只要有了孩子，她就会马上辞职。然而事实是她找到了一份比梦想中可能的工作报酬更高、更受尊敬的工作。她还是没能减重。我们可以看到温迪对生孩子可能失去的东西十分焦虑，这种焦虑通过她的体形表达了出来。她一直以来看上去就像是一个孕妇，就好像这能够满足她内心想要孩子的部分，但无形中似有一股更大的力量让她不愿意放弃现实中的权力以换取母亲的身份。她通过这种方式为自己创造了一个理想的母亲身份，让她以自己的体形来表达内心无法言说的冲突。

布朗太太

布朗太太的丈夫是一位神父，她身材肥胖，而且比起其他女性，她的身份受到丈夫工作的影响更多。无论真实情绪如何，她都必须像一个雇员一样"好"、善良和好脾气。实际上，她似乎像是被下了职业禁令一样，不能拥有任何除了"好"以外的感受。自然，布朗太太不知道她一点也不"好"，尽管一个敏锐的观察者可以注意到不少刻薄评价和贬损批评。她很难看到她压抑了对自己不得不扮演的角色的憎恶，对不被允许发展能力的愤怒——因为她的角色不允许她外出工作。不行，因为她的丈夫太需要她了。她唯一能够表达愤怒的方式就是不断吞咽食物。

有关强迫性进食作为女性处理对自身社会角色的不满或痛苦的方式，我们有两点要说。第一，这样做并无效果。实际上，这是一种极度痛苦且艰难的生活方式。当生理需求被忽视，还不断渴望进食时，没有人能感觉到快乐。这是一种极端痛苦的成瘾，它被藏于人后，充满了羞愧与罪责感。在对食物的极度渴望中饱含着恐惧与羞耻。当每一次暴食紧接着催吐时，这些进食成瘾者会发现自己的自尊消耗殆尽，更不用去提呕吐后的身体感受了。爱丽丝曾经以很糟糕的形象来上班，她的面部肿胀，双眼充满血丝，面色苍白得像个鬼魂。最开始，她的同事注意到这个异常，并询问她是不是出了什么事，但是她的回避性回应和尴尬让他们不再追问。爱丽丝几乎可以想象背地里，他们在猜想她做了些什么才让自己看起来这么病态。这种担忧让她开始远离自己的同事，直到将自己变成了一座孤岛。

这不仅是一种痛苦的生活方式，而且没有真正开始处理问题。在本章中，我们开始思考强迫性进食也许可能是女性对自身社会角色感知的回应。一个女人可能将进食作为声明，来表达身为女性的感受。但这些问题并不能通过进食行为去解决或处理。

实际上，进食行为的发生是因为不知道该如何去解决或处理这些问题。这是将感受转化为了进食行为。这些感受可能很多——恐惧、愤怒、嫉妒、绝望，但这些都是我们能够明显感受到，却不知道或无法处理的情绪，并且以进食行为重新出现在我们的生命里。

当然，这些感受处理起来并不容易。布朗太太接受了如此长时间且彻底的训练，让她无法意识到她会有不好或愤怒的想法与感受，而让她认识到她就像我们所有人一样是件十分困难的事情。就像我们所有人一样，布朗太太对这样的想法和感受充满了评判。她觉得它们是坏的、邪恶的和错误的。她十分无法接受这样的自己，并且无法区分无道德价值的想法或感受与可能有道德价值的行为之间的差别。举例来说，对丈夫理所应当地认为她愿意为他的人生和职业牺牲而感到愤怒是一种很合理的反应，她很难接受。但她确实感到愤怒，并且在不允许自己意识到愤怒的情况下通过进食行为表达了自己的这种愤怒。

除此之外，布朗太太还有一个很难面对的问题，也隐藏在她的肥胖与进食行为之下，即她对成为丈夫副手的真实态度。她会说和一个神父结婚的时候她就知道自己不会再去工作了，说实际上她很高兴放弃工作。此外，辅助丈夫在教堂的工作让人很有成就感；有很多人需要帮助，帮助别人是一件很棒的事情。但在内心深处，她责怪丈夫扼杀了她的职业和前途，她从某种程度上来说是一个怨愤和不宽容的女人。

对于布朗太太而言，甚至对所有人而言，以上的一切都很难面对。而且，已经没有修正的办法了。她不再拥有自己的人生。她不再有机会去发展自己的事业；她已经是一个中年女人了。但是允许自己去了解真实的感受仍然会给她带来很多收获。例如，她不再需要花大量的时间去纠结食物，去想下一餐该吃些什么。她也能有机会作为一个个体、一名女性、一个完整的人去成长和发展。布朗太太急需处理生活中的情绪问题。她需要哀悼不曾发生的一切、错失的机会，以及不曾实现的潜力。她需要和丈夫建立更加诚实的关系，不再间接地攻击他，尝试更直接地表达自己的感受。最重要的是，她需要去考虑如何度过余生，她可以如何最有创意地利用余生。强迫性进食只是一种存活方式，而不是生活方式。

我们都同意我们可能无法弥补女性犯下的错误，无论是在我们自己的情况下，还是在我们的一生中。我们可能也不得不接受我们将为承担自己生活的责任而付出高昂的代价——例如，你拒绝接受社会角色会导致一段关系的结束。另一方面，你将至少以自己的方式生活，而不是通过强迫性进食来拖延。

怀特太太是一个"女巨人"。她自第一次怀孕起就是这样了。她现在有三个儿子，最大的 7 岁，最小的 2 岁。每天早上依照惯例她的丈夫会去上班，她会待在家里照看孩子。她会带大儿子去上学，送二儿子去幼儿园。然后她回家陪伴小儿子，做家务一直到需要接二儿子从幼儿园回家。他们会一起吃午饭。小儿子睡午觉时，怀特太太会打扫一会儿。之后他们会出门，她可以买点东西，回来路上接大儿子从学校回家。当所有人到家时，她会为孩子们准备下午茶，再次清扫房间，然后为自己和丈夫准备晚餐。接着，孩子们就该上床睡觉了。怀特先生到家时，孩子们已经洗完了澡，他会为他们讲故事，哄他们睡觉，与此同时怀特太太会做好晚餐。吃完饭，清洁完毕后，他们会为第二天做些准备，看会儿电视，然后就到睡觉时间了。两个人都很累，所以他们往往直接睡觉，因为小儿子第二天很早就会把他们吵醒。

有一些女性可能会喜欢这种生活方式。但怀特太太感到十分厌恶，但她自己并没意识到。她将自己的愤怒与罪责藏在庞大的身躯之后，而她通过白天不断的进食维持着这样的身躯。她在家务间隔用食物塞满自己。她对自己的外表、自己吃东西的方式感到内疚和痛苦，她想知道是不是她的身体让她的丈夫不再想和她发生关系。她的肥胖的确让夫妻生活变得有点糟糕。此外，她爱自己的孩子和丈夫，想要照顾好他们。她可以花些时间去思考她的进食行为，不是吗？

> ▶ **停一停，想一想**
>
> 你如何看待自己作为女性的生活？如今，至少从理论来说，女性有着比过去更多的选择。女性可以接受教育，可以几乎从事任何行业或职业。女性可以选择是否要有孩子，是

否要继续工作或者想要承担多少工作。你想要你的生活如何发展呢？在你父母的关系中，或者他们那个年代的关系中，有什么你喜欢或想要复制的东西吗？有什么你不喜欢的东西吗？那么，同时代的人里呢？在他们的关系里有什么是你喜欢并且想要拥有的吗？你觉得与你同龄的女性们在自己的生活中都犯过什么错误？你是否相信自己有选择生活并实现自己潜力的能力？

成长过程中的难题

　　1月9日，玛格丽特从病房回到了我的房间……陪着她的是个护士，尽管看上去瘦骨嶙峋，像要被披在肩上的病房披毯压垮，但她走得很稳，不用人扶……我向她解释了之后她要接受的治疗，她可以告诉我心里出现的任何念头，然后我们可以试着一起理解是什么让她不想吃东西……她看上去不那么苍白和冰冷了，她慢慢蜷缩在病房披毯下，这让我的脑海中马上浮现了一个婴儿进食的画面……沉默了一会儿后，为了回应她身体上的细微动作，我说我想她大概想要通过身体和我对话，就像她能开口与母亲对话前做的那样……到现在为止，对她的分析里，她主要通过体重的减轻与增加来表达成长过程中的潜意识冲突。

　　——R. 塔斯廷（R. Tustin）：《神经症病人的自闭障碍》（*Autistic Barriers in Neurotic Patients*，1986）

厌食是第一个被研究的进食障碍。几乎从最开始，它就被认为与女孩在成长为女性的过程中所遇到的困难相关。厌食最明显的特征就是月经的延迟与停止，还有体重的减轻。体重的减轻有时候被认为是女孩为了摆脱第二性征（如胸部发育和臀髋部体脂增加）的方式。当这种对体重减轻的理解加上月经的结束（或者无法开始），人们有时候认为厌食症的意义，即对于女孩来说它的功能就是让她们能够维持在性发育前的状态，让自己远离荷尔蒙、整体身体的发育，还有情绪的发展。这是一种在情绪上维持在性发育前的方法。这之后，则是认为厌食症女孩不想长大，尤其是不想在性方面长大。

成长意味着方方面面的变化，也包括了性方面的发展——与原生家庭分离的能力，独立且做出选择的能力。这与其他方面一起都将在后面详细讨论，因为它们都与厌食和强迫性进食相关，而本章将关注作为成长一部分的性发展，以及厌食对其停滞或反转产生的影响。这些观点都与强迫性进食相关。我们应适应自身的性发展，这也标志着健康成年人的正常发展。对于大部分人来说，有能力形成长久亲密的两性关系是成年人自我满足与创造力的基础。当然，有很多不同的方法来处理我们的性欲——选择在某个时间段不拥有或者完全不选择拥有性关系也是方法之一。这些选择都完全合理，而如果这些选择出于力量而非恐惧时，将带来较少的痛苦。那些进食障碍患者往往因恐惧而选择拒绝性关系，他们的情况正是本章想讨论的内容。

安娜的厌食症似乎出现在三件事之后：她的母亲进行了子宫切除术；最好的朋友可能会永远离开自己的国家；18岁的她迟迟无法离家去伦敦就读大学。然而，似乎这三件事和她的疾病根源毫无关系，就这些事情的讨论似乎对病情没有任何帮助。渐渐地，在家人和好心助人者的支持下，她在两年多后康复了。当三年后即将离开大学时，她去了最初尝试帮助她的咨询师处谈论现在对自身疾病的理解。她说，她曾经是一个活泼、有冒险精神的青少年，探索世界，体验生活，但面对生活中发生的巨大改变，她开始害怕自己没有能力控制自己不成熟的尝试，她担心自己"走得太远"，她需要为自己用力踩下刹车。正如她自己所描述的，因此她停滞了三年。

让我们更仔细地思考她的"停滞"。很明显，这指的并不是她的学业，因为她很令人满意地完成了学业。她的"停滞"指的是她的社交与性方面的发展。安娜挺早就有了性体验。但在三年间，她从没有过男朋友和性关系。她通过厌食症摆脱了这些感受、这些冲动和行为。在其案例中，她的厌食十分严重，以致月经停止。她从象征层面上，也从字面上，回到了青春期之前，她不再受到性欲的生理影响。因体重减轻而产生的荷尔蒙改变导致了性欲的消失。就算它没有消失，安娜也忙于计算热量，担忧那些摄入的微量食物，毫无时间与情境让她注意到自己的性冲动。这是一个在青春期能够处理好性欲，却在危机后觉得有必要暂时反转整个过程的女性。当走完了整个过程，她才觉得自己有能力重新启动自己的成长与发展。她对暂停的需要已经结束了。

父亲的女儿

有观点认为那些厌食症女孩在青春期与成长时遇到的困难是因为她们太难以摆脱父亲女儿的身份。一位年轻女性出生于一个富裕且舒适的家庭，她的父亲是一位杰出的建筑师，也是一位吸引人且充满魅力的男性。南茜是他疼爱的女儿。她很可爱、聪明，就像她父亲所希望的那样，她父亲也十分引以为豪。这对父女的关系十分亲近，甚至可以说是亲密，有时候甚至会排斥南茜的母亲。南茜会和父亲在书房待一整晚。他们会谈笑，有时她会坐在父亲的膝头。只有两件事会破坏这种无忧无虑的快乐。一件是她的父亲无法容忍她和男孩外出约会。每当一个男孩想要约她出门或到她家里来时，南茜的父亲就会出言贬低他们，因此南茜很快就会感觉男孩一点也不好。另一件事就是在南茜的青春期中，她变得越来越厌食。到 18 岁时，她开始暴食，她的生活重心变成了她的进食障碍。

要明白这个家庭内所发生的事情并不太难。从某种意义上来说，南茜成为了她父亲的女朋友（尽管并无证据表明他们之间存在性关系）。至少在南茜的眼中，这是事实，虽然这伤害了她的母亲。所以你可以说在争夺父亲及其兴趣与关注的竞争中，南茜赢了。此外，她的父亲也积极地创造了这个情境。他与南茜共谋排除了她的母亲，他也通过成功赶跑南茜所有潜在的男朋友人选，排除了其他男性竞争者。然而，对于父亲的婚姻与南茜来说，这一切带来了毁灭性的结果。

南茜可以说得到了她想要的——她父亲独有的关注，但她也为此付出了高昂的代价。她整个青春期的发育过程完全停滞，她的冲突以严重的进食障碍的形式表达了出来。她为了成为"父亲的女儿"将自己停滞在童年的角色中，以牺牲自己成为成熟女性的健康发展作为代价。这对父女被困在一段早已过期且充满破坏性的关系里。

有些与厌食症患者工作的治疗师会使用家庭疗法来帮助患者及其家庭。在理解整个家庭功能的情况下，我们可以最好地理解女孩不愿长大所代表的含义。对于南茜的家庭来说看起来的确如此。（关于家庭与厌食症的相关信息见第12章。）

安娜和南茜只是女孩在向成年女性转变的过程中遇到巨大困难的两个例子。这种困难更常以体重增加而非体重减少的方式出现。就和厌食症一样，强迫性进食会导致青少年社会能力与情绪发展的严重推迟，尽管可能并不以如此危害生活的方式出现。

简的故事

当我遇到简的时候，她刚20岁出头。她来见我的原因，不仅是她严重超重，还因为她的身材对她的自尊与自信产生了破坏性的影响，她从大学休学，在家里"什么也不做"。她在母亲的坚持下走进我的工作室，后者为简的抑郁与退缩伤透了心。超重对简来说没有任何好处：她在学校被欺凌，她的同学将她排除在社交生活之外。她的确还有一些朋友，但当她们周末一起购物的时候，简无法参与到她们愉快地试穿新衣服的游戏中。可以理解，这些购物之旅对她来说并不愉悦。她也因为自己的身材而无法去影院看电影；影院的座椅对她来说不够大，而硬挤进去带来的羞辱与不适远超出她的承受范围。她老是通不过 A 水平考试，那些地理课的实地考察让她筋疲力尽，挤在教室后面的角落也让她无比难受。在整个过程中，简仍然摄入了大量的食物，并持续地长胖。

从简的故事中，我们可以清晰地看到肥胖带来的缺点。那么，为什么她不像很多人常常建议的那样，少吃点以降低一点体重呢？这正是我们开始想要回答的问题。在我看来，食物和她的身材对她的重要性远超社会隔离与身体不适给她带来的折磨，否则她根本无法继续忍受下去。那为什么她需要这些食物与体重呢？如何才能让她放弃它们呢？通过思考简体重增加的历史，我们开始了对此的探索。她过去就是个胖嘟嘟的小孩，但算不上严重超重。似乎从小时候开始，她就了解了食物的安抚作用。简的父母有自己的生意，所以常常很忙，从很小的时候起简就习惯了自己照顾自己。从依恋层面来说，我们可以说简的经历教会了她需要照顾自己，因为没有人会照顾她，而她照顾自己的方式就是一包包的薯片和一袋袋的糖果。你可以说在青春期之前，简就已经懂得了一个道理：食物能让你感觉好点。

在简 10 岁时发生了一件会令所有那个年龄的孩子惊恐万分的事情：在她从学校穿过公园回家的途中，一个男人将自己的生殖器裸露在外让她看。假如那时简可以回家告诉她的父母她有多害怕，这让她感到多不安，一切问题可能都不会发生。但她的父母正忙于工作，而简也没有在需要的时候向父母求助的习惯；她转而投向食物。这样的经历加上 11 岁时她在初中受到一群男孩的欺凌，让问题变得复杂起来。作为一个新加入陌生环境的女孩，面对埋伏在树丛中威胁她脱下内裤，要看她到底长什么样的年长男孩们，她感到无比无助。这些男孩很可能只是随意而非出于恶意，所以当简开始哭的时候，他们也吓坏了，说他们只是开玩笑，然后放她离开。就像一年前的经历一样，她没有回家倾诉她到底有多不安、多害怕，只是再次拿起了食物。第二次的创伤是持续的，因为她几乎每天都能在学校看到那些男孩，但她还是什么都没有说。13 岁时她已经 182 磅了，她也变成了无法吸引男生的胖女孩。

那么应该怎么处理这些问题呢？简关于男孩都是残忍且恶心的观点可以如何改变呢？仅仅是说出这些故事，去理解她在 10 岁至 13 岁之间体重快速地增加，及之后持续的体重增加，就已经让她感到好了很多。她可能不喜欢自己的进食行为和身材，但至少她终于可以理解这对她来说是一种保护自己和生存的方式。因此，她可以不再觉得自己就是贪吃、懒惰或者愚蠢，抑或像其他她常常听到的侮辱性词汇所形容的那样。她一直并且知道如何在困境中照顾自己。这样的理解也让她开始以不一样的方式做事。

她开始与父母对话。他们并不是糟糕的、漠不关心的或者没有感情的人。相反，他们勤劳、热心，并且以自己认为最好的方式全力地支持家庭与简。他们在 10 年间为简的体重增加感到困扰与不安，也在能力范围内做到最好，为她的锻炼课程和节食俱乐部付费，帮助简一起对付这个问题。他们从来没有想到过这个问题之下埋藏着其他问题，他们以为简不向他人诉说只是她管理自己情绪的习惯方式。他们从没有将她的暴食与情绪状态联系在一起，因为他们从未接收到专业建议告诉他们简的体重存在着心理或者情绪上的意义，他们又如何了解这其中的联系呢？

简开始诉说当他们不在家时她感觉到多么孤单、多么不开心，而她现在意识到自己通过进食来处理那些情绪，这让她的父母感到十分难过。他们尤其痛苦地意识到，他们从未注意到简用糖果、蛋糕和饼干来安抚自己。他们以为自己尽力早点回家，并给她带点好玩的东西，可以让等待的时间变得更加能够忍耐。他们是对的，这曾经是有用的。但简的父母不知道她有多想他们，她又是如何习得用食物安抚自己的习惯。尽管这些过去无法被抹去，但在几周间发生的对话逐渐在家庭中建立起新的沟通习惯，让他们感觉到更加亲近，即使他们还没有完全习惯这样做。一段时间后，简逐渐找到勇气来告诉父母过去发生了什么：那个有露阴癖的男人和那些埋伏在草丛中的男孩们。这一次她的父母真的被吓到了，不仅被故事本身吓到，更多的是意识到了简隐藏了多少秘密。她的父亲极力想要找到那些男孩，并且向警方报警，但简觉得这么做没有什么用处。她告诉父母，她想要改变自己的生活方式。她想要能够更多地与他们交流，并且与他们分享更多自己的生活。请注意，简现在 21 岁——亲近父母并不是大多数21 岁的年轻人想做的事情，但是简从来没有练习过分享自己的感受。她尝试着继续用在咨询中开始习得的新方式与父母建立联结。她告诉了我过去的故事，知道了有些人是值得信任的，并且他们会回应自己的情感需求。通过与父母沟通，她开始探索与家人真诚地交流。

在这个过程中，简的体重开始下降，她并没有节食，而是更清楚地知道她什么时候正在通过食物来安抚自己，并在这些时刻更多地注意到自己的感受与反应。她学会了管理情绪的新策略；她学会了如何以安抚自己的方式与自己对话；她创造出了自己在紧急时刻能取用的安抚词、句子和图像；她学会用音乐、阅读和美甲美发来照顾自己。理所当然地，她摄入的食物变少，体重也有所下降。变瘦之后，她能与同辈人更好地交流，从他们那里补回了因为在家而缺席的功课。这整个过程并非一蹴而就。简花了三年的时间才到达了一个她觉得可以接受的体重，那个时候她已经拿到了一个资质证书，并找到了一份工作。她开始和男孩约会，尽管在分手后依然会感到心碎，但她不再像从前那样感到令人极度无力的恐惧。

▶ **停一停，想一想**

　　尽管温暖与共情地与自己对话以及向外寻求帮助和支持，在我看来，是管理生活的最佳方法，但每个人都有着一系列自我安抚的策略。想一想你用过的或者可以用的策略，看看哪些是不会伤害到你的，将它们列出来提醒自己。我可以想到很多事情，如听音乐、做些锻炼、与猫狗玩耍、阅读、看电视、找一个兴趣爱好、园艺、舞蹈等。

杰德的故事

　　杰德去见学校的心理咨询师时刚好 15 岁。她可能从未寻求过他人的帮助，但她的年级组长发现她经常不去学校，也听到过很多次她被人欺负的事情。这些欺凌者被找了出来，然后发现杰德被人叫"女同性恋"。学校里有关于她的涂鸦，还有各种微不足道却可怕的遭遇让她感觉自己在学校备受迫害。大多数欺凌都来自其他女孩——偷走或损坏杰德的东西；暗地里攻击她的身体，在她走过时其他女孩会扯她的头发、推搡她、踢她的膝盖。就在这一段时间，杰德的体重开始大幅增加，所以她也因为自己的体重而被人耻笑。她感到极度地不开心也就并不令人惊讶了。

　　有关杰德的故事花了一些时间才水落石出，但从第一次咨询开始咨询师就清楚地发现杰德有伤害自己的行为并想要自杀。因此，理解并去处理杰德所有痛苦背后的原因迫在眉睫。在此之后则是杰德对自身性取向的极度焦虑与不确定。她真的是所有人似乎认为的女同性恋吗？她的确对男孩并不太感兴趣，但她也的确对和女生朋友在一起感到十分无聊。她感觉没有一个地方可以容纳她。她甚至从未尝试和自己的父母谈论这些事情。她的父亲有着军人背景，经常以一种贬低的方式谈论同性恋。杰德也曾听到她的母亲说过她从不相信有女同性恋这种事情。因此杰德感觉不可能被家庭所理解也并不令人惊讶了。她感觉到自己被隔绝和孤立。在那样的情境里，毫不意外，她会用食物来安抚自己。至少一块巧克力不会攻击或者虐待她。

在这样的情况下，杰德最不需要的就是减肥的压力。食物是她管理自己情绪的方法；在找到更好的应对方式之前，她还需要这个策略。对杰德来说，最基本的任务就是能够更同情和接纳自己，只有这样她才能开始探索她对男性或者女性的看法，她的性取向如何发展，还有对她来说异性恋和同性恋意味着什么。当发现自己处在认为同性恋是奇怪且无法接受的学校或家庭文化中，她感到仅仅是开始思考这些问题就很困难。咨询师平静、包容和充满关心的态度逐渐为杰德建立起能让她思考这些问题的信任关系。咨询师也指导她去阅读讨论青少年性发展的书籍及浏览能看到其他人对此想法的网站，去聆听他人的挣扎和不确定。[11]这些都为杰德创造了一点点空间。她逐渐相信自己能够去接纳自己的问题和那些复杂的感受。学校对欺凌强硬的态度也对她很有帮助。学校的朋辈支持系统开始帮助到杰德，她能更公开地承认，是的，她可能是个同性恋，但她还不确定，这让她赢得了部分欺凌她的人的尊重。她能够按时上学，专注学业与功课，她的考试成绩让她能够继续自己的学业。当杰德进入六年级时，她找到了一小群亲密朋友，那些糟糕的日子已经结束了。当然，这并非故事的结尾，但她不再需要通过食物来安抚自己。她不再暴食，不知不觉中，她开始瘦了下来。那时她已经有能力结束维持了一年，挽救了她的生命的咨询。她知道自己能够找到喜欢且尊重她的朋友，他们会聆听并关心她想要说的话。那些经历教会她如何更尊重自己，并相信自己的价值和重要性。

黛西的故事

黛西的厌食始于青春期。她有一个年长她两岁的哥哥。她的父母疲于应付生活，孩子们一直遭受着情感上的忽视。可能正是因为这样，两个孩子会互相安慰彼此，在他们进入青春期后一直维持了好几年不健康的性关系。

这让黛西对此充满了纠结和复杂的情绪，既快乐又罪责。这件事本身就会让青春期变得格外艰难，而其出身的阶层对青春期的她的期待就是离开学校，很早结婚，然后很快就拥有几个孩子。作为她母亲的女儿，等待着她的生活模式就是当丈夫外出工作时孤独的居家生活。黛西的父亲很享受经营自己的生意，对其兴趣远超过了与自己的妻子和家庭一起生活，黛西从小就很少见到他。黛西眼中的母亲脆弱、消极且毫无价值感，还十分无助。

当父母吵架时，黛西感到所有的争吵总是以父亲对母亲说的这么一句话作为结尾："如果你不喜欢，你知道你能做什么。你可以拎包走人。"

然后还有那些糟糕的早期性经历需要黛西去处理。对她来说，社会角色没有任何好处可言。朋友的父亲曾在她面前裸露自己，并且给她看色情杂志。这对年仅十二三岁的黛西来说十分可怕，如此可怕和让人心生罪恶感以至于她从未能开口告诉任何人。她感觉可能更应该怪自己。这所有的一切她还可以应付，也实际上能够应对，那时她来了初潮且开始对男孩产生兴趣。然而，15 岁的她被一个年龄大很多的男性诱导发生了性关系。这对她来说远超过其能力可承受的范围，此后她开始厌食。

黛西成长环境中的性愿望和感受带来了刺激，但也承载着愧疚和恐惧。当她年长一些，这种愿望和感受变得更加强烈。她在全心追求极度消瘦的过程中，摆脱了她的感受、愿望、性欲，甚至消除了自己一段时间的记忆。她感觉没有人能够帮助她处理自己的欲望，没有人能和她谈论自己的恐惧与愧疚。而现在她的厌食让她十分肯定地获得了她想要的关注。

然而，这是一种错误的关注。她没有获得理解和自己需要的支持，反而引发了厌烦和愤怒。她的家庭仅有传统的进食习惯。他们通常一餐有一荤两素，周六的晚餐是一个重要的社交场合。黛西希望成为素食者，她拒绝吃她母亲煮的食物，她坐在那里什么也不吃，不参与家庭的就餐——这一切引发了担忧，然后引发了愤怒，最后引发了绝望。当然，黛西完全不知道问题出在哪里。我说"当然"是因为如果她能够知道让自己困扰的东西，她可能就不需要成为一个厌食症患者了。

接着，黛西的问题变得更加严重了，因为她失去了节食的能力，她只好开始通过暴食、呕吐或者催吐来维持较轻的体重。到此时为止，黛西用来维持自己生活的自控力已经完全丧失，她的全部生活，就像她新的进食行为一样，开始变得混乱起来。仿佛是为了说服自己那些关于她的恐惧都是真实的，她的性生活开始变得疯狂和绝望起来。与此同时，她变得害怕一个人待在男友的公寓里，她内心那个仍然惊恐不已的小孩显现了出来。

在所有的恐惧中有两个稳定的点。一个是黛西的父母。他们尽管很愤怒，也无法理解她，但是仍然没有放弃。他们保持着和她的联系；他们允许她想回家的时候回来，尽管这样的拜访让所有人都感到很不舒服。实际上，他们在以他们知道的方式爱着自己的女儿。另一个持续的稳定点就是黛西的舞蹈。在青春期和20多岁那些痛苦的时光里，她接受了舞者的培训，然后开始教授舞蹈，包括编舞和表演。说这一切很容易那是在说谎。其间有很多痛苦与绝望，但与此同时，舞蹈给予了黛西一些自尊。至少她在工作，这帮助她拥有了一些自我价值感。

她以很缓慢的节奏在好转。她接受了一些治疗，并开始勇敢地回顾她生命中发生的一切。她在进食上的困难并没有迅速或者很轻易地消失。更像是当黛西再一次感觉到那些性欲带来的绝望和痛苦时，她会用一天、几天或一周的时间退缩到她的进食障碍里。但黛西实际上学会了很多，她并没有花很长时间去学会如何用更直接的方式处理自己的情绪，甚至学会意识到想要和一个男性建立关系并没有错，也不是一件坏事。

身处要求纤细身材的行业让进食障碍格外容易成为情绪危机的出口。有很多舞者罹患进食障碍，有着紊乱进食行为的更数不胜数，他们生活在一个需要高度关注自身体重和身材是常态的文化之中。这种情况在很多其他行业中也是如此，例如模特或者体操运动员。在这些活动中，极度纤细且缺乏女性特征的前青春期体形被赋予了很高的价值。尤其是舞蹈，人们常会指责舞蹈世界创造了厌食症，但可能实际上因果是相反的——那些感觉到他们在每一时刻都需要失调的进食行为的人，更倾向于选择那些让其困扰不那么明显和不那么感到被排斥的环境。

▶ 停一停，想一想

本章的内容是否让你想起了什么？性对很多人来说是困难和复杂的——你是否会用食物来解决这方面的问题？

想一想你对性的了解——你的了解是不是有帮助的、让人愉悦的，或者说你的早期经历让你很早就感受到了这方面的困难与问题？

你是否有过创伤性的性体验，例如强暴、乱伦和性侵？这些经历是否导致或诱发了你的进食障碍？

你是否发现很难接纳自己的性需求？这是不是造成你现
在的进食行为的原因？

　　然而，有很多人会时不时地因为性而选择躲避到短暂的厌食
发作中。在关系中遇到的难题，甚至是对关系的期待（因此也包
含了性感受与需求）都可能会诱发这些厌食的发作。节食，或暴
食后节食带来的痛苦让处理问题本身变得十分困难。这种应对方
式无法帮助我们处理内心潜在的难题。它让我们停滞在成长过程
中的同一阶段。它让我们无法成长。我们都有，也都需要处理问
题的方法，但我们必须放弃那些折磨和伤害自己身体的方式，不
再尝试用这些方式来处理因成为一个成熟女性所带来的痛苦。

至少我可以控制放进自己嘴里的东西

她突然感觉到这样一个画面，她就是一只待在金色笼子里的雀，住在这样一个奢华的房子里，幸福来得那么快、那么容易，但却被剥夺了可以去做自己真正想去做的事情的自由。之前，她一直都在谈论她那些显赫的背景带来的优势，直到那个时刻，她才开始谈论出生在这样一个富裕家庭所带来的痛苦、限制以及重大的责任。

——希尔德·布鲁赫:《金色的笼子：厌食症之谜》
(*The Golden Cage*: *The Enigma of Anorexia Nervosa*，2001)

费丽丝蒂的故事

大多数的白人家庭，特别是比较成功的中产家庭，对于他们的孩子都是相当保护的，尤其是女儿。今天就让我来说说这样一个家庭。费丽丝蒂是个十八九岁的女孩子，非常非常瘦，有着非常非常纤细而修长的脖子，以至于她看起来很是脆弱。她的父亲是个很成功的商人，她有个比自己长两岁的姐姐，以及从她懂事开始就一直待在家里照顾家人的母亲。他们居住的房子也很棒，总是那么干净漂亮，打理得很好。费丽丝蒂从出生起就一直被照顾得很好。她在物质上总能得到自己想得到的那些东西——事实上，她的父母很享受为她提供她想要的一切。她有太多漂亮衣服，远远比同龄人的要高级很多，但是比起同龄人，她总是要小心翼翼地照看自己的衣服，以确保衣服保持干净、没有褶皱，这也是她的母亲通常为她做的。

费丽丝蒂的母亲竭尽全力照顾她的其中一种方式就是准备食物。当费丽丝蒂还在校念书的时候，她的母亲总是在下午就给她做吃的，以至于放学回家到晚饭期间，她不会饿。无论何时，无论何地，她总是有着母亲绞尽脑汁为她准备的、包装特别精美的午餐，到现在她下班，也早就有现成的一桌菜在等着她了。

对于费丽丝蒂来说，食物的议题非常困难，而且由来已久。还在念书的时候，她就曾告诉自己的母亲，不需要每天都准时做东西给她吃，她已经完全可以照顾好自己了；难道她的母亲就没有自己真正想要去做的事情吗？但是她的母亲说没有，并且不介意这样做，保证费丽丝蒂回到家就有东西吃，这就是她的义务。她坦白自己实在受不了孩子回到家没东西吃。

在过去的那些年里，费丽丝蒂变得非常瘦，部分是因为她拒绝了很多母亲为她做的东西。毫无疑问，她的母亲因此变得非常焦虑，也会强行塞东西给费丽丝蒂吃，但这样只会让费丽丝蒂更下定决心来拒绝母亲。她感觉到母亲让她吃的东西远远超过了她需要吃的。不管怎样，如今费丽丝蒂都要跳很长时间的舞才能保持瘦的状态。

很明显对于费丽丝蒂来说，她以进食（作为工具）并竭尽全力来拒绝她母亲的食物，来试图将自己与这个过分亲近、十分焦虑、过度保护的家庭分离开来。她的大姐在某些方面就要强大很多。在其成长过程中，她和父母总是保持着距离，也会持不同意见，这就为她赢得了很多的自由和独立。如今她在另一个城市念大学，有着自己的生活和朋友圈子。而费丽丝蒂很害怕这些争吵，也担心这会伤害到她的父母。除此之外，她感觉到自己从来不被允许生气或回嘴，她甚至完全不知道如何去反抗他们。

这并不是说费丽丝蒂从来没有尝试过反抗父母。她反抗过，但这十分困难，因为她的父母愿意为她做任何事情。当尝试为自己做一些事情的时候，她似乎从未成功过，或者说不像父母为她做得那么好。比如，当她第一次决定搬出家自己住的时候就是如此。她下定决心想要独立。她在报纸上寻找信息，尝试和其他人合住，但每次都不尽如人意。最终她决定自己住，并找了一个中介来帮助自己。那个中介帮她租了一个公寓，还收了她一大笔费用。但是公寓十分糟糕、肮脏且在一个不太安全的区域。几周后费丽丝蒂就觉得不行。这件事让她充满了挫败感。她鼓起所有的勇气（的确需要很多的勇气）尝试离开家，却搞砸了。

让事情更复杂的是，费丽丝蒂的内心有一部分一点也不想离开自己的父母。从某种程度上来说，他们无止境的关心的确让人火大。她希望他们不要每天都打电话，或者等她给他们打电话。但是从另一方面来说，家里干净整洁，而她与人合租的房间则脏乱不堪。除此之外，在父母的家里一切都是这么方便，触手可及。

当她不知道自己到底想要什么的时候，有一点可以给她一些安慰，至少费丽丝蒂能够控制放入自己嘴里的东西。她很注意自己的健康，还是一个素食者，有很多她不想要吃的东西。当感觉自己的人生不那么令人满意的时候，费丽丝蒂至少能创造一个角落，让她感觉能够掌握一切。

就如她内心清楚的一样，在这个角落里，她也并不能够真正掌控一切。她不知道什么时候饿、想要吃什么，或者到底应该吃多少。她在了解自己想要什么上几乎没有经验——她甚至不能确定自己想要的是橙汁还是牛奶，一杯或者半杯。过去，她的母亲为她做出这些选择和决定。但她很清楚地知道别人认为她应该吃什么。在得厌食症的时候，她建立了很多要或者不要吃的食物的规则，这让她感觉到好像能够知道自己想要的是什么了。但显然这是一个充满问题的系统，不仅很难维持，而且需要花费大量的精力。

在费丽丝蒂看来，她的厌食行为似乎代表了两件事情。其一是她对是否想要尝试离开父母的内心冲突。当然从现实角度来说，她这么瘦，父母是不可能放松自己对她的控制的。他们不认为她能够很好地照顾自己，而他们是正确的，尽管他们并不知道她照顾自己的能力有多糟糕。症状的维持，也象征了她内心对于分离的极度恐惧，还有内心感受到"自己独立生活"是一件她几乎无法达成的事情。

这个故事的另一面，实际上是费丽丝蒂感觉到她的生活取决于她是否能远离母亲让人窒息的爱。当她拒绝母亲的（她的内在母亲想诱惑她吃的）食物时，她在拒绝的是感觉要把她困在永久依赖中的爱。她的内心有一部分无论如何都想要摆脱依赖。依赖让她感觉到无比的危险。她在拒绝对食物或爱的需求，想让自己不受影响。

如果费丽丝蒂只想要其中之一——依赖或独立，事情就会简单得多。但不仅仅是在身体上，她的内心也充满了激烈的冲突。我们可能还想要提到她的母亲也许并不是一个好的模范。她的母亲在物质上和情绪上都完全依赖于费丽丝蒂的父亲，然而在这样的依赖中，她的作用就是照顾所有其他人；这就是她人生的意义。那么，费丽丝蒂如何敢成长和离家呢？她又如何不敢呢？

但请回想一下，费丽丝蒂的姐姐就能够较好地处理这个问题，而她的示范十分重要。慢慢地，费丽丝蒂开始能感受和表达这些冲突，逐渐地，她的进食问题开始缓解。她的父母也做出了改变，因为他们不得不去学习如何让孩子成长，并以不同的方式看待孩子。费丽丝蒂的母亲为养育自己的孩子付出了许多。既然孩子已经长大，她是否能够让自己成长？她的丈夫是否能够适应妻子和自身角色的改变？当费丽丝蒂现在尝试说出她感觉到的父母对她的影响的时候，他们觉得十分痛苦。他们过去很爱她，现在也依然如此，他们过去做的事情都是出于对她的爱。

费丽丝蒂的生活有很多令人充满希望的地方，不仅仅是因为厌食症没有严重到让她失去生命。她逐渐足够了解自己对成长、分离和独立，还有对母亲的复杂感受，因此她能够不再通过自己的身体来表达一切。当能够感受和探索这些困难的议题时，她很有可能完全从厌食症中恢复健康。

> **▶ 停一停，想一想**
>
> 你怎么看待分离和独立的议题？你是否陷在尝试独立但又害怕独立的矛盾之中？你的独立是否会对你的母亲（或父亲）产生影响？是否有可能你的进食行为是你表达自身所处困境的方法？

伊丽莎白的故事

费丽丝蒂的境况和她的处理方式还是相对容易理解的。伊丽莎白的故事则更加复杂。她也来自一个富有、传统的中产家庭。

她的父亲，如费丽丝蒂的父亲一样，白手起家。他为成功付出了很多，也为自己能够提供妻子与两个孩子（伊丽莎白与长她两岁的哥哥）富足的生活而感到自豪。他的妻子是一个老师，因为想要给孩子更安全的家，在孩子还小的时候她经常在家。她对伊丽莎白有着很强的保护欲，后者在小时候从来不被允许自己做任何事情，或者独自做任何事情。

在青春期以前，一切都很顺利，尽管伊丽莎白现在认为母亲对他人看法的焦虑让自主和自由的行为与关系变得难以实现。但是当伊丽莎白进入青春期时，她开始变得难以承受父母的期待。她的母亲明显十分担忧伊丽莎白即将成为成熟女性的事实，并千方百计地想要否定这个事实的存在。例如，她不允许伊丽莎白在需要内衣的时候购买内衣。她自己只有过一个男朋友，就是伊丽莎白的父亲，他们在 16 岁相爱，并且在几年后结婚。她的母亲期待伊丽莎白能遵从这个模范。她恐惧并抵触女儿想要探索并尝试和男孩建立友谊。同时，伊丽莎白的父亲在学业上对她有很高的期待。他希望伊丽莎白能去牛津大学就读（因为他自己没有做到），他觉得社交生活对这个更加严肃的目标来说只能分散她的注意。

直到 17 岁时，伊丽莎白才有勇气当面回应父母的期待，但在那时她坚持在继续学习 A 水平的同时有更多的社交生活。回顾过去，她仍然觉得那时就已经有迹象表明她在通过进食来处理自己面对的难题。她记得她无法专心学习，除非边学习边吃糖果。可能我们能理解这种吃糖果的行为是她处理学业与社交冲突的方式：聪明的女孩可以有魅力吗？玛丽莲·劳伦斯（Marilyn Lawrence）[11] 曾经写道，在这个世界成长的聪明女孩会面对一个因聪明而带来的令人厌恶的问题，即男性仍然会认为受过教育的聪明女性是一种威胁。很明显，男性往往会与比自己更年轻、受过更少教育的女性结婚。我们很容易看到伊丽莎白可能正把自己逼进一个什么样的角落，同时她要了解自己真正想要的东西是多么困难。

她应对得不算太差，也可能在不那么痛苦的情况下在这些冲突中撑了下来，但令人难过的是她有那么多压力需要面对。她已经离开了学校并进入了大学——不是牛津——在这时她的男朋友因车祸过世了。这对伊丽莎白来说是一个难以承受的创伤，因为在经历了一系列的关系后她很注意让自己不要投入太多，直到碰到这个男孩时她才允许自己变得依赖他。她在大学的第一年就得了厌食症，一整年的厌食让她无法继续学业。

从某种程度上来说，伊丽莎白的厌食和费丽丝蒂的很相像。就像费丽丝蒂一样，伊丽莎白的厌食表达了她对依赖的痛苦和对拒绝父母窒息般控制着她的爱的需求，但同时又以瘦弱的身躯向世界表达她对爱与关注的无助渴望。伊丽莎白遵从了父亲对她应该上大学的要求，但内心又知道这并不适合她。然而对她来说，想要面对和反对自己的父亲实在太难了。她生理性的厌食承载了她想对抗父亲的愿望。当然，她并没有意识到这一点。如果她能意识到，也许就不需要这样做了。她的厌食非常有效地达到了这个目的——她从大学退学了。当她决定走另一条路时，她的父亲因为对她的担心已经愿意接受任何伊丽莎白想要做的事情了。

然而，伊丽莎白的厌食远没有这么简单。她的症状部分是想要通过反抗父亲来获得对自己人生的控制权，但也是为了能够远离那些使她与所依赖的男性建立关系的性需求与情绪需求。作为孩子的依赖抑制了她在独立与分离上必要且正常的发展。她对自身的依赖需求充满渴望与恐惧。你可以说她的依恋经验让她在依靠自己时毫无自信。当她最终允许自己依赖一个男孩之后，男孩去世了。从这个经历中伊丽莎白再次确认，依赖是危险的。她的厌食症在说："我没有需要。"但是她的体形在说："我的需求没有被满足。"

简单总结来说，有一种家庭模式阻止了女孩（很少是男孩）在独立与分离上的成长，在这种家庭模式中父母会过度保护、侵犯隐私，不允许女儿有足够的发展空间等。有时候这些女孩会通过厌食来反抗这样的状态。在这些案例中，厌食症可以被看作她们对令其窒息的关爱的拒绝，以及掌控一部分自己人生（最终全部的人生）的方法。可以说，厌食症是那些没有学会如何表达的人在震耳欲聋地呐喊："不要！"

沉默的信号

厌食症中最明显的部分就是"不要"。任何与厌食症有所交集的人都能够证明这声呐喊有多震耳欲聋，它在迫使他人合作与服从中有多有效。它会让其他人感到沮丧和恐惧，甚至会引发暴力行为。可能这是为什么很多治疗厌食症的人常常让人感觉很残酷的原因。像厌食症这样剧烈的拒绝让人很难忍受。

然而，我们还需要记住很重要的一点，即厌食症所发出的信息并不明确。我们还需要记住，这声"不要"并非厌食症（或者说患者）发出的唯一信息。我们不能忘记，体重的减轻与拒绝进食也是另一些东西的宣言：需要、依恋，或脆弱。厌食症的问题，或者任何进食障碍者的问题在于，她被逼进了一个角落。内心的一部分想要一个东西，并且极度地渴望，但内心的另一部分却想要截然不同的另一个东西，并有着相同程度的渴望。这样的挣扎与斗争显现在有问题进食行为的人对待食物的态度上。

厌食症患者内心发出的这一声"不要"，可能会引发他人的"要"。他们需要别人为他们说"要"。有时候别人为他们说的"要"（"我要你吃这个""你吃得不够多""你现在太瘦了""你这么不吃东西我很担心"）成为了他们维持自己的"不要"的方式（如果你说"要"，我就说"不要"），并且成为了厌食症意义的一部分。这"不要"和"要"之间的挣扎成为了女性生活中对权力和自控的战斗。然而，就算是短暂的厌食症发作都会让人十分恐惧，也让人兴奋与抗拒。厌食症患者需要知道就算他们不说"要"，也会有别人替他们说"要"。

当然，最终如果我们不找到自己内心的"要"，那么就没有人能替我们说"要"。医生、医院和家长都会想方设法为我们说"要"——强迫进食、鼻饲管、行为矫正等。然而，我们都有权利对生活、爱和食物说"不"。如果最终我们唯一能做的是说"不要"，那么就可以这么去做。我们可能会死亡，就像有些女性令人悲伤的结局选择一样，或者我们可以带着对食物、体重和体型的执念毁灭我们的生活。我们所拥有的这段人生，现在的人生，就是我们所拥有的一切。但是放手似乎是一个无比悲伤的选择。

幸运的是，如此绝望的厌食症患者相对来说并没有这么多。很多患者往往是选择用食物去和身体内的"要"与"不要"抗争——就像伊丽莎白那样。她有一年十分典型的厌食症状。她吃得很少，而且只在私下自己一个人时吃饭。她的体重下降了很多，并且在大学宿舍里像个隐士一样隔离了自己，不去工作，不去上课。最终，有人注意到了她的情况，并开始帮助她。她接受了药物与心理治疗，六个月后她的厌食症状才部分痊愈。

到这里一切都算顺利。伊丽莎白的厌食症在某些方面实际上十分成功。她赢得了在方方面面控制自己人生的权利——她从大学退学并且探索了不同的教育可能。然而，这仅仅是她厌食症的一个方面。她的进食障碍也是对男友过世的一个反应，与她在依赖与亲密关系上的困难相关。她的厌食症部分是因为对这些的抗拒，因此也是对性的抗拒。比起这个问题的复杂与痛苦，她对抗父亲的胜利并不算什么。她抛弃了对依赖的需求，她对亲密关系大声说"不"，但这也让她变得孤独，并为自己对他人的强烈需求而感到痛苦。毕竟伊丽莎白成长的家庭环境没有为她提供机会去成长为一个独立的个体，因此她内心有一部分为自身所处的孤独而感到害怕与痛苦。

如果个体没有将内心冲突转化为进食行为，那么这些冲突可能会以亲密关系的不断建立与破裂的形式出现——一种无法在一起，也无法不在一起的模式。实际上，伊丽莎白进入了一段极度依赖某位男性的关系，但这位男性也有着艰难又贫困的童年经历，且也在与自身的依赖需求做抗争。对方无法用创造性的方式来满足她的需求，因为他也有同样的问题需要处理。因此，伊丽莎白实际上爱上了一个无法真正帮助她的人，对方也无比地需要着她，同时不断地强化她对自己的依赖。

伊丽莎白并没有对此作任何分析。她也无法作出任何分析，因为就她所知，自己正处于热恋。之后，她开始将吃下的东西呕吐出来，就好像她的身体正在表达她在关系里无法识别的问题一样。她需要并渴望亲近、性和亲密。除此之外，她内心的一小部分想要成为一个婴儿、一个小孩，每一分、每一秒都有人来照顾、看护，从不会被独自留下，会有人抱着她、安抚她和保护她。因此她想要吃，想要被人照顾，想要被人喂食有营养的食物。但同时她又想做一个女人，一个独立的人，能做她自己的事情，不被他人所影响。亲密、性和他人对她的要求让她变得愤怒、憎恨和恐慌。因此她就把自己摄入的食物再次吐了出来，强迫自己的身体吐出她之前摄入的营养。原来好的东西现在对她来说变得糟糕、有毒、有害。当然这并不是她对自己所说的话。她会说，她吃得太多了，就像只贪婪的猪，她会变胖、变丑，因此最好吐出来。

对伊丽莎白来说，至今为止食物存在的意义非好即坏。她不是暴食催吐就是厌食、贪食或禁食。如果她要吃东西，她就会吃非常多。这样的行为也有着情绪性的意义。她不是完全的独立、孤立、没有任何关系，就是被吞没、被窒息的。这两个极端都有着自己的好与坏。冲突的剧烈引发了她的贪食，在"要"与"不要"之间激烈地摇摆。

除非伊丽莎白能够相信在关系的这两个极端之间存在着其他可能，否则这可怕的困境可能不会有解决的一天。渐渐地，她开始与父母对话，开始表达她对过去的感受。他们三个人逐渐找到一种互相联结的方式，让伊丽莎白可以不再把他们当成敌人或者可无止尽索取的资源。对于她的父母来说，他们开始意识到女儿不再是个孩子了，而是一个有能力、有才华且能为自己人生做决定的年轻女性。这样的改变对双方来说都是一件好事。

这样对极端的"要"与"不要"之外的可能性的探索依然继续着，伊丽莎白认识了一个像外婆一样的长者，让她发现关爱可以不让人窒息，她找到了一个已经处理好自身依赖需求的男朋友，他知道如何维持不带拒绝的分离与不会令人窒息的亲密。随着这些的发生，伊丽莎白的进食障碍开始变得不那么痛苦，不那么纠结。逐渐地，她开始不再需要用这种方式来表达自己。她的康复与成长似乎有着合理的吉兆。

▶ 停一停，想一想

　　当你思考自己的生活时，你能够在孤独和亲密间找到适合的中点吗？你是否害怕被另一个人所占据、淹没和控制？如果回头看你的原生家庭，你的成长经历是不是有这样的特点？当你一个人及不处在关系中时是否会感觉到恐惧？孤独是否会让你很难了解自己想要的是什么或者自己是谁？

　　你是否在关系中有过能够处理好亲密与孤独之间冲突的经历？你是否遇到过能够很好处理这种冲突的情侣？你是不是在友情或者家庭关系中处理得更好？这样的例子是否能够帮助你找到怎么样的关系可以支持却不至于淹没对方，互相依赖而不强求对方放弃自我？

7

母女们

我们这一代人，无时无刻不在自我主张自己的女性身份，一举一动都在强调个人成长和自我成就，自然而然就会开始质疑我们母亲那一代人践行的价值观。

——金·彻宁（Kim Chernin）：
《饥饿的自我》（*The Hungry Self*, 1994）

过去一些人非常强调一个人的早期经验对之后的人生有非常大的影响，而在最近 50 多年里，我们开始特别关注母亲的作用（倒没提到父亲的角色），但其实也没有什么很有创新的研究结果。父亲及其影响力一直是被忽略的，而与此同时，任何让人不甚满意的结果都被归咎于"坏母亲"。在这里要特别感谢女性主义者们，她们在研究母女关系上做了不计其数的工作，甚至还为我们提供了描述和思考的方式来帮助我们反思母亲和女儿之间到底发生了什么。本章要特别归功于她们的工作，特别是要感谢苏西·奥巴赫（Susie Orbach）和路易丝·艾肯鲍姆（Louise Eichenbaum）。[11]另外，本章内容也要归功于金·彻宁。[12]她对母女关系与进食障碍之间的关系尤为感兴趣。

莫妮卡的故事

　　莫妮卡小时候过得很不顺利，麻烦重重，所以她很早熟，并且在家庭中扮演的角色远远超出了她的情感承受力。对她来说，家里最大的麻烦就是她父亲与她母亲离婚之后，没有留下一分钱给她们母女，而她母亲还要照顾一个完全不能独立生活的残疾儿子。莫妮卡对母亲其实充满了愤怒，在她们的关系中她还有很多未被满足的需求，但与此同时她也看到了母亲自己都处于极度的饥饿和空虚中，整个人生都很不快乐。母亲一无所有且不快乐，莫妮卡又怎么忍心抛下母亲，远走高飞独自去过她自己的快乐人生呢？我完全可以这么说（正像她最终所说的那样），其实她早就决定不会让自己感觉幸福。而她选择让自己不快乐的方式（或其中一种方式）就是进食障碍。这样一来，不要说在工作上有突出的表现了，就连平时准时出现在办公室里都有些难度；另一方面，她和男朋友的亲密关系也没有什么进展，原因是她整天因进食障碍而忧心忡忡（其实莫妮卡很漂亮），但她自己却完全看不到，整个人的状态看起来非常糟糕；因为总是控制不住自己的进食行为，她非常憎恨甚至鄙视自己，自我评价非常低。

为什么女儿的不幸会等同于她母亲的苦难呢？这样有什么帮助或者说事情会变得更好吗？在平常的逻辑里，这当然是不成立的，但在一定程度上，这对莫妮卡来说是讲得通的。对她来说，过得成功、幸福似乎就是对母亲的攻击和抛弃，甚至是在谋杀母亲。而应对这一两难问题的方式就是，她用她的进食障碍来让自己变得不成功。这样，她就能认同母亲了。

怎样才能改变这样的现状呢？怎样才能让莫妮卡摆脱这样的两难局面呢？其实像莫妮卡这样早熟的情况在女性中并不少见，对于作为成人部分的自己来说，她能理解母亲的需求，但另一方面，她还是个孩子，她必须快点长大才能回应这些需求。在理性层面，莫妮卡的母亲的状况确实很糟糕。她很可怜、贫穷，并且还要照看一个残疾的儿子。而另一方面，对莫妮卡来说，帮助母亲最好的方式是让自己成功，这样她就可以给母亲提供经济支持了。莫妮卡在理性层面上都能理解，但她却并不能帮母亲摆脱痛苦，现在看起来，她也不太可能会让母亲开心。只有当她开始梳理自己的问题和痛苦时，她才开始慢慢变好。她终于开始慢慢明白她拯救不了母亲的灵魂，虽然这听起来很让人悲伤，但却是事实。

看起来，莫妮卡更多以其内心小孩的部分去看待母亲的苦难，她感觉自己有责任让母亲开心起来（可能也有人这么要求她），要去照顾母亲的需求。但她没有意识到的是，这些需求是不合适的，也并不可能完成。无论是小孩子还是成年人，都无法做到。我们没有义务为别人的幸福负责，让自己幸福只能是自己的责任。

卡罗琳的故事

卡罗琳的母亲年纪轻轻的时候就背井离乡来到英国，也一直对其母亲的死耿耿于怀，以至于未能与自己和解，原谅自己。就这样，她经常陷入严重的抑郁情绪，所以卡罗琳和上文提到的莫妮卡一样，为了能照顾母亲早早就非常懂事了。而她对母亲的愤怒却远远超过莫妮卡。16 岁的时候，她就离家出走了，不管不顾父亲对她的任何劝告。因为她实在无法忍受和母亲待在一起，母亲总是对她索取无度却从不付出。她觉得自己变成这样都是因为母亲，所以对母亲非常愤怒。

然而，尽管愤怒让卡罗琳早早离开了原生家庭，但她无时无刻不惦记着母亲。她非常担心母亲的状态，极度希望能做些什么可以让母亲开心起来，并且非常内疚，觉得是自己抛弃了母亲。和莫妮卡一样，她不允许自己快乐甚至成功。她沉溺在食物里，毫无自信，也不交男朋友，工作表现平平，这样一来她就更有理由更不喜欢自己甚至鄙视自己了。

以上两位女性，她们对待自己的方式充满了仇恨和愤怒。这样的状态在滥用食物的人群里特别常见；这些仇恨和愤怒看似是指向她们自己的，其实是指向别人的。莫妮卡和卡罗琳一边非常认同母亲的痛苦，一边又对母亲充满了愤怒，但是她们俩都无法坦然承认这个事实。毕竟，怎么可以攻击本来就已经那么痛苦、那么可怜的母亲？所以就只能自我攻击了。

但是，在某种程度上，这是她们在试图填补因为从小到大母爱的缺失带来的内心空洞。她们在试图去回应那些从来未被满足甚至未被承认的需求。事实上，她们在成长过程中从没有学会如何合理地表达自己的愤怒和仇恨。她们没有从母亲那里学会如何处理这些消极情绪，所以她们就学着去无视这些情绪，并且将它们转化成了进食行为。

当说起母亲，她们俩有一堆功课要做。其中对于莫妮卡来说，这些功课是我陪着她去完成的。她的母亲完全无法谈及这些年母女俩之间发生的事情。相比之下，卡罗琳就幸运多了，尽管这个过程还是有很多的争吵和哭闹，但最终她和母亲之间的关系大大改善，随之而来的是进食问题也有所缓解。其实对于莫妮卡和卡罗琳来说，这些年缺失的其实是一位可以关照她们的需求的母亲，或者换句话说，她们与母亲的依恋关系没那么安全。她们不能指望母亲来回应她们的需求，相反她们更需要去回应母亲的需求，当然这些也就是停留在心理情感层面，她们也做不了什么实质性的事情。但不幸的是，因为要关照母亲，她们就没有足够的精力来照顾自己的需求。关于如何照顾自己这件事，她们从来没有好的榜样，所以面对这些空虚感的时候，她们就选择了用食物去填满。只是遗憾的是，这样并不能修复最初的心理伤痕。而现在，她们的母亲又无法为此做补偿。然而身为人类，我们可以自我修复与自我疗愈。当莫妮卡和卡罗琳可以理解自己缺失的部分，以及自己这些年的行为也来源于此的时候，她们也开始学着先去感受成长过程中需要的关心与关爱，有了这些关心和关爱，我们才会学会如何自我照顾。一开始她们是在我这里（接受咨询治疗），慢慢地，她们也可以从其他人那里得到这些。

▶ 停一停，想一想

- 你是不是也是小小年纪就要去照顾别人？
- 你是不是发现自己经常担心母亲如果没有你，她会怎么办？
- 你是不是觉得自己一定要照顾好母亲？
- 你是不是觉得你花了太多的时间去考虑母亲，却没把自己照顾好？
- 所以这是你进食行为失调的原因吗？

母女间的竞争

女性会经常发现，很难处理自己和母亲之间的关系，以至于她们常常诉诸进食障碍来帮她们解决。其中一部分有关竞争与成功。我们似乎比较容易理解男性与父亲之间的竞争关系，例如："我是不是不如父亲？我如果可以变得很成功，是不是在变相地攻击他？我怎么可以做到不用内疚？太担心父亲会嫉妒，所以我还是不要那么成功吧？"实际上，这些问题在母女之间也很普遍，只是更为隐匿，女性甚至选择去否认这些问题的存在。只是方式各异。其中最明显的一种是，她们拒绝去竞争。这种拒绝源于对成功或失败的恐惧；她们不是没有能力竞争，而是她们恐惧竞争。当然这也不是说她们没有能力去合作。女性运动已经充分表明女性可以为了同一个目标合作得很好。她们只是不肯去面对自己的竞争性。

首次出现这种竞争的情况是在青春期，因为她们不再是小孩子了，而是慢慢蜕变成年轻的女性，而这时候，她们的母亲却渐渐不再年轻，皮肤开始松弛，肌肉不再紧实，也不会再充满活力，而意识到衰老的过程对于女性来说是非常痛苦的，更何况还要面对这样一位正值花样年华的女儿，浑身散发着青春的气息，而似乎也就是才在昨天，她还是一个乳臭未干的小女孩呢。女儿们通常能敏锐地感受到母亲的这些感受，于是可能很快决定不要发起这个挑战，最明显的做法就是回避这个议题，比如她们让自己变得很胖或很瘦，这样一来，竞争就不复存在了。

这种以牺牲我们的体形和容貌来避免竞争的方式，事实上是很危险的，因为作为女性，我们的自我认知、感受甚至自我认同很大程度上来源于对自己身体的意识。对于很多女性来说，喜不喜欢自己以及多大程度上喜欢自己，都取决于自己的体貌特征。这一点可能和男性很有差异，男性会依靠很多其他特质来自我评价，甚至我们经常看到一个又胖又有体味的男性向女性发起攻势，我们甚至忍不住联想，是谁给他的这些勇气？最近这些年，我们的社会文化也越来越"外貌主义"，越来越关注一个人的长相，特别是身材和体形。这一点已不仅仅局限在女性身上，我们对年轻男性的外貌也越来越看重了。我们在意外貌的程度甚至超过了"他是怎样一个人"或者"他会什么"。

父子之间的竞争很多时候表现得很明显，有输赢高低的较量，比如网球、象棋、挣钱，甚至是儿子去找一位（像母亲的）女性结婚。这样的竞争似乎有这样一个好处，不会出现"一招输，招招输"的情况，因为能找到这样的理由："在下棋方面，我不如我爸，但我比他更懂股票市场啊。"母女之间的竞争却更危险，指向的是"你是谁，我是谁"的问题，关乎人生的方方面面。所以作为女儿，我们如果察觉到母亲根本不如我们，或者我们还没有准备好的时候，我们可能会以增重或减重的方式来逃避。特别是在这个年龄阶段，"婴儿肥"都成了一个专有名词。虽说这其中是有荷尔蒙变化带来的影响，但大多数可能与我们不想成为母亲的"对手"有关。

在成功和成就方面，母女们也在暗自较量，架势一点都不输给父子们。我有位来访者叫希拉里，她的母亲是一位有名的音乐家。希拉里自己也很擅长一些艺术，比如跳舞、唱歌、演戏等，但她偏偏就不想像母亲一样成为音乐家。从她小小年纪开始，所有人都对她充满了期待。在我认识她的时候，我知道她最大的兴趣是舞蹈，但周围人却不支持她继续学，所以这时候她就开始了进食障碍，并且非常严重，甚至威胁到了她的身体健康。催吐以及泻药让她流失了大量的矿物质，她的健康令人担忧。就这样，她完全不能跳舞了。希拉里敢不敢与一位如此杰出的母亲竞争，以及周围人对她有如此厚望，就成了她很大的议题。

而对于我们普通人来说，我们的母亲可能没有那么专业，事业上也没有那么成功。但事实上我们还是背负了巨大的压力，生怕我们自己超越了母亲。可能我们担心她们会嫉妒，也不敢表现得更好，这可能就是我们当中很多女性完成了培训或教育之后却又选择了新的职业的原因。对于很多女性来说，她们觉得失败反而是更安全的，并且有意思的是，她们的母亲会告诉她们："不要紧的，我希望你开心就好。"相反，父亲则会说："我认为你需要再坚持下。"

如果我们把这些心理动因放在依恋理论里去理解，可以这么说，那些有着安全依恋的母女通常来说，更能意识到自己独一无二的身份感，能更清晰地知道"你是你，我是我"。尽管两个人的联结还是很紧密，也很关心彼此，但她们还是各自独立，互不干涉。对于不安全依恋的母女来说，她们都能感受到自己的身份是建立在对方的基础上的，这时候，差异、独立和分离对她们来说就是致命的，让她们非常不安，甚至威胁到自我感。只有当她们俩都感觉到安全的时候，"吾家有女初长成"才是一件值得庆祝的事情，而不再被视作威胁。

愤怒带来的遗留问题

很多女性对自己的母亲总带着很大的愤怒，而通常这些愤怒基本上都是被藏起来的。在孩子的世界里，母亲是如此地强大，所以除却个例，大多数孩子都留下过愤怒和不满。而实际上，对于母亲来说，让孩子在某种程度上没那么满意，或让孩子失望，是非常必要的，否则女孩们不太能离开原生家庭独立生活。不过，很多女性似乎都有被糟糕对待的经历，甚至到现在都不知道如何表达那个时期留在心里的情绪。她们对于母亲异常愤怒，却又不知道如何处理，所以常常会把愤怒指向自己。你可能还记得伊索贝尔的故事，为了报复母亲，她吃下整包饼干直到吐。

苏珊很小的时候就被母亲送去训练跳舞。因为她母亲一直是超重状态，成为一个舞蹈演员是母亲未完成的愿望，所以她就寄希望于苏珊，希望她又瘦又可以成为舞蹈演员。可能是担心苏珊会像自己一样，她的母亲严格控制苏珊的饮食，她经常对苏珊说："不能吃冰淇淋。来吃个苹果吧。"毫无疑问，这一点让苏珊对母亲充满了愤怒和敌意，但是在家里，她不敢表达这些情绪，所以尽管家里有很多好吃的，她也只敢偷偷吃一点。直到离开自己的原生家庭独立生活，苏珊开始疯狂长胖，以至于她可能都无法继续跳舞了。对于苏珊来说，可以吃过去那些年母亲不准她吃的东西，虽然肯定会惹怒母亲，但是这样报复了母亲的感觉让她暗爽。然而，过了很久，她才真正搞清楚到底是母亲一厢情愿地希望她跳舞，还是其实自己也很喜欢跳舞。她让愤怒冲昏了头脑，总想着报复母亲，险些毁了自己，不能再跳舞。

特雷莎的母亲很严厉，说一不二，很喜欢干涉她的生活，甚至还要求特雷莎只能在她允许她说话的时候才能说话，所以特雷莎小时候过得很不开心。在这些年斗智斗勇的过程中，特雷莎发现，如果她沉默不语，她母亲会对她没那么严厉。另一方面，为了应对那些不开心，她变得越来越瘦。不久以后，她离开原生家庭独立生活，每次回到家的时候，她都会把整个冰箱的食物洗劫一空。看起来，她用这些行为来表达所有对母亲的敌意和愤怒，因为母亲一直没有给到自己应该有的回应，于是她干脆就把自己封闭起来。

在太多的案例中，我们都可以看到，如果一位母亲不能很好地回应她的女儿，那么女儿会经常通过食物来表达自己的悲伤和不满。

> ▶ **停一停，想一想**
>
> 　　仔细想想，是不是你和母亲之间的关系给你带来了很大的情绪，而你的进食行为不过是因为要处理这些情绪？如果你的胃可以和你母亲说话，它会说什么？

分离的需求

以上所有有关母女关系的例子中，重大议题都指向了"分离"。对于所有母亲来说，她们要面临的问题是"我可以祝福我的女儿去过她自己的生活，并且我相信她可以自己搞定吗?"。对于所有女儿来说，她们要面临的问题是"我可以祝福我的母亲去过自己的生活，并且我相信她可以自己搞定吗?"。

很多人一说起"分离"，第一时间想到的就是生离死别。其实不尽然。对于男性来说，社会文化鼓励他们尽早独立，离开家门，去过自己的生活。近些年，人们也在好奇，男性嘴里说的独立到底是来源于其生物性的本能发展，还是因为他们否认情感并与情绪隔离? 我们经常可以看到，男性需要依赖女性来帮他们处理情感问题，这样他们就避免了情绪给自己带来的伤害。而与此同时，女性却被指责无法独立，"太小孩子气"，尤其是在她们与母亲的关系上。曾经我在公交车上听到过这样一段对话，是一对 60 多岁的夫妇在谈论自己的女儿，而他们的女儿也已经结婚生子。在他们的描述中，女儿对他们很是依赖:"她会一直给我们打电话，事无巨细地和我们分享近况。只要有什么事情发生，她就回来找我们。"在这个例子中，心理上的分离似乎未能发生。我们也越来越多地发现，对于女性来说，像男性一样冷漠地分开，可能很难办到。在她们的成长过程中，女性一直被鼓励要去和他人保持联结，这一点不仅是一个优点，且非常重要。

所以，谈论女性与母亲的分离有何意义呢? 这意味着母亲和女儿要达成共识，她们俩是独立的个体。在一定程度上，这是显而易见的; 但是就另一方面来说，如果她们的内在和情感还是纠缠在一起的话，就很难做到真正的独立。在以上描述的情境中，都是这样的情况。女儿们不能清晰地意识到哪些是自己想要的，哪些是母亲想要的，她们做很多事情都是因为母亲，而不是因为自己。从这个层面看，她们和母亲就是同一个人，不可分割。

对于女性来说，分离的议题非常复杂，很难一言以蔽之。这里主要谈谈其中最重要的两点，即需要我们去哀悼和放下。哀悼指的是，过去的都已过去，无论好坏。我们有时候非常执念于那些没有得到的：爱、认同或者其他任何东西。我遇到过好多来访者一次一次强迫性重复，让自己处在很糟糕的状态中，疲惫不堪。这样的重复其实都是无意识的作用，即希望这一次会不一样："这一次我就能得到我想得到的了；这一次我母亲就能变成我希望的那样。"我们需要对过去哀悼，否则这样的执念会让我们无力面对今后的人生挑战。而放下则是个双向的过程。对于母亲和女儿来说，分离是一条充满悲伤的双向道。

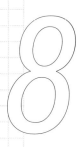

吃出你的心

为了填补心里的空洞，我不停地吃。

——一个吃得停不下来的人

到目前为止，我们探索了进食行为失调的根本意义，可能是单一因素，也可能是一起发生的作用，其中包括危机应对、对女性社会角色的反应、回避生长发育以及性议题的缓冲模式、被他人过度掌控之后的自我主张、处理母女关系的方式。然而，其实对于这些问题，我们还可以用其他方式来理解。其中一种基于这样一个假设：无论是极度的渴求导致停不下来的进食，还是暴力否认自己的饥饿而导致的厌食症，都可能是糟糕的情绪空虚带来的生理表现，而这些情绪空虚又是无法被安抚和满足的。

这种饥饿感和空虚感的根本通常在于没有足够好

的早期经验让一个人带着被爱和被珍视的满足感长大[11]。珍妮弗是一位年轻女性，她的童年有一段时间是与母亲在一起，一段时间是与祖母在一起。在她3岁的时候，家庭环境发生了巨变，她的母亲不能再照顾她了，她只能被送到祖母家生活。这个改变本身对于一个孩子来说已经够艰难了，因为这个家庭里的其他孩子仍然和母亲一起生活，更何况她的祖母既严厉又冷漠，珍妮弗和她在一起过得很不开心。珍妮弗很有力量和决心，挨过了最开始的艰难，将她对此的愤怒变成了自己的成功。所以在外人看来，她是个很乐观、很有条理又很有野心的人。然而，只有她自己知道，她心里有个极度不开心、不被爱的小孩。当她的这一部分被偶然的事件所触动，她一整天都会被这种可怕的渴望和空虚感所淹没。珍妮弗觉得这些就是对食物的欲求，然后开始了疯狂、贪婪地暴饮暴食，同时她的另一部分清楚地知道她并不饿，只是缺少某些东西。

这些东西经常被认知成"性需求"。佩妮是一位年轻女性，她的父母在她很小的时候就分开了。但她还是和再婚的母亲一起生活，只是母亲在再婚之后，与第二任丈夫又有了孩子。佩妮极度嫉妒这些同母异父的兄弟姐妹，她感觉到自己的母亲没那么接纳自己了，所以在十几岁时，她一气之下跑去和父亲一起生活，但其实她的父亲也已经再婚，她无法与父亲的再婚妻子和其他孩子愉快相处。这个可怜的姑娘感到无处可去，也没有父母可以依靠。那个时候她只有16岁，她找了一个男朋友，名叫艾伦。艾伦是一个非常有能力，也很成功的绅士，比佩妮大几岁，也很愿意照顾她。而他们两都没想到的是，佩妮对艾伦的依赖转眼就变成了大负担，艾伦完全成了她的世界的中心。她无法忍受他要去工作而不在自己身边，更别提去玩壁球、见朋友了。她需要艾伦每时每刻都可以陪伴她、安慰她、拥抱她。这个需求常常表现为性需求，以至于他们会不停地做爱。然而，性带给她的却是空虚和不满足，只想要更多——尽管她也不知道"更多"到底是多少。

艾伦告诉佩妮，他的感觉是，如果佩妮可以待在他的身体里，她早就这样做了。在他去工作不在她身边的时候，佩妮就会忍无可忍，情不自禁地吃东西。她会暴饮暴食，然后催吐。在其他时间里，她会通过自我满足来保护自己，这样她也能成功做成平时自己比较害怕去做的事情。这个时候她也就能停止自己不自觉的进食状态了。

佩妮了解到这样一个痛苦的事实，即她与男朋友之间的关系无法满足自己的需求，而这些需求则来自她的早年经历。她的内在部分还是个小婴儿，极度需要自己的母亲；而一段亲密关系触及了对于亲密、依赖、爱和抱持的需求，但是她其实早已不是整天和母亲待在一起的婴儿，而是一个和另一个成年人在一起交往的年轻女性，这些需求显然几乎不可能以她期待的方式被满足。或者可以这么说，一段成年人之间的关系并不是为了满足这一目的，虽然有时候这能满足一个成年人残留的"婴儿需求"。同样，更显然的是，这个"婴儿需求"也无法通过暴饮暴食的方式来达成。另一方面，这些"婴儿需求"无法以节食的方式被否认，或者说至少不要付出如此高的代价，来说明节食作为应对方式是行不通的。

对于我们当中那些十八九岁或者 20 多岁的年轻人来说，这些年轻人可能生活一团糟，能意识到虽然童年很糟糕，但我们已经尽力做到了最好，这很重要。如果我们想要做些修复工作，无需惊讶，也无需为此感觉羞耻。并不是我们自己造就了早年生活经历里的困难。就像珍妮弗的母亲无法照顾她，而她的祖母又如此冷酷，这不是她的错；就像佩妮的父母离异又再婚，她无处可去，也并不是她的错。当过去那些应对方式宣告无效之后，我们眼前的任务是，试着去修复一些早年创伤。当然对于后来的那些饮食习惯，你也要采取相同的态度。你已经以最好的方式进行压力管理了。如果你现在已经找到其他的方式来应对，请为自己自豪，因为你已经有意愿走向健康。

改变的信号

对于一些人来说，修复工作开始的标志恰恰就是进食障碍。为什么？为什么这个症状与我们小时候经历的或成长过程中发生的事情有关呢？答案可能就隐藏在第 2 章讨论的食物与进食的关系之中。生理上感到饱足或者饥饿，与心理上感到满足或者空虚之间，有着极度紧密的联系，以至于很多人分不清这中间的差异。我们分不清自己是生理性的饥饿还是心理上的空虚；我们也分不清自己是否认了生理上的饥饿，还是否认了心理上的空洞。我们只是不停地吃，来填补心里的无底洞。我们把情感状态中的痛苦翻译成了进食行为。所以我们会尝试用本不需要的食物来满足情感的空虚，接着又将吃进去的东西以各种暴力方式吐出，这个过程中我们愤怒地否认了自己需要爱，甚至我们用节食的方式粗暴地拒绝承认我们需要爱和陪伴，并切断自己对于饥饿和需要的感知。

对有着早期剥夺经历的那些人来说，问题不简单地是他们渴望被爱和被珍视，而是他们渴望被爱和被珍视，但与此同时他们非常害怕那些口口声声说爱他们的人有一天会不爱他们，甚至背叛他们。他们从自己的早期经历里解读出的意义是，他们的信任与爱被辜负了。他们认为爱是一件危险的事情。尽管有些时候他们也需要爱，但他们太恐惧了，以至于会回避、撤退、攻击，甚至破坏。实际上，他们因为恐惧而没意识到自己在情感层面经历了怎样的过程。取而代之的是，他们在食物与进食层面，体验着、生活着，寄托于食物来体验自己的情感生活。

那么，我想表达的是什么呢？我想说的是，进食障碍不仅仅带来了罪恶感，还令人心生绝望。它对我们来说没有什么益处；实际上，还会对我们造成破坏，使我们的痛苦变得更加严重。因此，我们可能可以得出这样一个结论，即在我们愿意尝试不同选择的地方，也许有着希望。在我看来，替代方案就是在一段安全的关系下开始思考、感受我们的早期经历、过去的人生，比如与一个专业人士工作。这个过程并不容易，也不会没有痛苦。事实证明，这会是一个加速痛苦的过程。然而，就像之前提到的，这些潜在的困难带来的痛苦，或许会比继续进食障碍这个策略要好。我想，在很多案例中都会是这样。我看到过很多女性，当她们开始可以面对这些潜在议题的时候，对她们来说轻松了不少。她们基本上都有滥用食物的经历。当她们与我分享面对这个问题所带来的感受与烦恼时，基本上都同意相比起滥用食物带来的折磨，那些不值得一提。

对于那些有着长期早期剥夺经历的人来说，谁都不能保证，知道了这些，困难就会少一些。可能困难多得就和他们想象的一样，但这其中却潜藏着两个非常珍贵的希望。其中之一是，当我们愿意面对过去时，会带来进食障碍的结束；另一个则是，这个过程同时也实现了更为基础的东西：它会让我们把过去的阴影放下。进食障碍没有任何希望，也没有尽头。当你发现自己处在这个状态里时，很大可能你需要些帮助。你可以在第 12 章里找到这些资源，但在这之前，让我先和你讲一个有着同样困境需要解决的年轻女性的故事。

安吉拉的故事

安吉拉崩溃的第一个明显迹象是，她无法继续去念大学，并且这个缺席并不是平时任何人都经历过的"这一天比较糟糕"这样而已，而是她已经连续数周无法正常活动，以至于每周都有一两天的时间无法去学校。在一定程度上，安吉拉又是比较幸运的，她是一所舞蹈学校的学生。在这一类机构里，考勤压力极大，因为学员的进步取决于持续的、规律的日常练习。她的缺勤很快被发现，如果是其他一些课程，她的缺勤可能就不会那么快被发现。她急切地想要寻求帮助，因为她也被自己吓到了，非常希望早些好起来，回到过去那样。

当她开始诉说，我们才慢慢知道，在安吉拉出现不能上学这么明显的症状之前，她已经痛苦了很长时间。她一直在贪食。一旦感觉自己想吃东西，她就用所找到的食物把自己塞到因腹胀痛苦为止，之后再催吐，把自己折腾到精疲力竭，她才能睡去。在非常糟糕的一段时间内，她整天整夜都是这样度过的，昏天暗地。一旦开始暴饮暴食，她就对自己充满了厌恶，这种对自己不可遏制的仇恨将她吞没，转而又让她更深地陷入吃了吐、吐了吃的恶性循环里。

等这些结束，她感到精疲力竭、情绪崩溃。每次睡去又醒来，都觉得这简直是最糟糕的噩梦。她的消化系统饱受摧残、黑眼圈明显，并且带有口臭，这种种迹象都表明这哪是噩梦这么简单。当觉得自己看起来很糟糕的时候，她不愿面对外界，羞于见人。她的腹部肿胀，液体潴留让她的整个身体看起来很浮肿，她根本无法套进紧身连衣裤里，无法参加自己的舞蹈课。如此种种，让她越发远离了学校。有时候她会进入厌食阶段，在差不多一天的时间里，她感觉到了力量感和控制感，这样她就能回到学校了。所以有时候她就整天躺在床上强迫自己一直看书，这样她就能不用去想任何事情了；有时候她一开始看书，就会吃饼干，直到再一次吃到恶心为止。

　　毫无疑问，这样的生存方式很难维持日常生活，更别提建立亲密关系，甚至交友也成了问题。她对食物的态度以及进食的方式变成了安吉拉的难言之隐，以至于她感到十分羞耻和内疚，并对自己充满了批判和谴责，同时她担心任何知晓这个秘密的人都会对她有同样的感受。所以，她只能在自己的进食问题没那么严重的情况下，才敢赴朋友的约会，当然现在这种约会也变得越来越少了。那些社交场合往往难以避免各种吃喝，因此就会变得非常困难。当安吉拉没有处在暴饮暴食阶段的时候，她就不想进食，所以与朋友们外出吃饭对她来说就只剩下了恐惧。自然而然地，她的朋友们也觉得挺没劲的，甚至觉得她的这种行为是在表示拒绝，所以越来越少向安吉拉发出邀请。就这样，她变得越来越孤独，对食物也感到越来越忧心忡忡。正是在这种情况下，她开始逃课，最终引起了其他人的注意。

　　所有这些折磨到底意味着什么呢？很多时候，安吉拉觉得其实就是进食障碍本身，以及因此带来的后果。当然这个观点可能是片面的，但尽管这样，我们也要看到其中的合理性，原因有二。第一，需要检查是否存在导致出现这些症状的生理疾病，虽然可能性也许很小，但也需要确保排除这种可能。安吉拉除了因为遭受过暴力带来的伤害去见医生，其他方面都是健康的。第二，任何有进食障碍的患者都面临一个首要任务，那就是需要意识到自己出了一些问题。就像匿名戒酒会一直坚持来参加的人必须在团体会议里公开承认"我是某某，我酗酒"一样，这并不是徒劳无益的。只有进食障碍患者能够意识到并能承认她对自己所做的事情，她才更不容易成为逃兵。

当进食障碍患者寻求心理咨询或心理治疗时，她也需要看到希望，不会得到像之前对自己充满敌意和批判那样的对待。当然，这需要很多的安全感和被接纳的感受，否则她甚至都不愿意开口谈论这些。渐渐地，咨询空间和氛围给到了安吉拉足够的信任感，我们才有机会知道她身上发生的糟糕的事情，有些甚至仍然困扰着她。

这是一个痛苦的过程。有时候，在安吉拉的眼里我变得非常陌生，感受不到我对她的支持。甚至在她的眼里，我变成了那个评判的、谴责的、拒绝的人，就像她大多数时间对待自己的方式一样。很长一段时间里，只要开始暴饮暴食，她就开始躲起来，因为她总是觉得我会讨厌她、攻击她、看不起她。其中一部分的她需要我、喜欢我，也信任我，而另一部分的她对于这样的依赖感到很恐惧，也很害怕有一天我将不是她的朋友，她有时候觉得我会评判甚至折磨她，这些花了好长的时间才真正有所改变。

是怎样的家庭背景让安吉拉心生这些恐惧，我们又该如何理解她的进食障碍呢？理解了可以有什么用？可能会有什么帮助？安吉拉是家里四个孩子中年纪最大的那个。她的父母结婚的时候自己都还是青少年，并且结婚当年就有了安吉拉，紧接着安吉拉又有了两个妹妹，三年之后多了个弟弟。她的母亲童年过得非常不好，以至于在 20 岁不到的年纪有个孩子之后，这些不好的经历让她与孩子的相处变得更加困难。即使对于一个非常有安全感和稳定感的女性来说，接连有几个孩子本身也是很大的挑战。

婴儿时期直至大约 5 岁期间安吉拉发生了什么已无从得知，而结合她自己的记忆以及其他人告诉她的事情，她去上学的时候已经是个非常早熟又独立的小女孩了。她表现得远远不像 5 岁，倒像是 15 岁。一开始，她就可以自己上学，自己买东西，并照看她的弟弟妹妹。应该如何理解这种早早失去婴儿时期和童年时期的情况呢？安吉拉记得她从来不被允许表现得像个小孩，不可以有她这个年纪的需求。她得出这个结论很可能是因为超负荷的母亲不太能回应这些需求。所以安吉拉的母亲需要她一出生就尽快长大，安吉拉也尽自己所能来帮忙。

但这带来了后遗症。第二个女孩玛丽一出生就表现得非常"难搞"，一直抗议，一直抱怨。所以母亲的关注几乎都被玛丽占据了。即使这些小婴儿长大了一些，安吉拉也并没有得到更多关注。玛丽总是会抢先得到关注以保证自己的需求被满足。虽然这对玛丽来说是件好事，对于一个不能被满足的孩子来说也是非常正常的行为，但是对于安吉拉来说就不是什么好事了。

安吉拉更无法指望从她父亲那里得到什么。挫折和困境让他的脾气又急又差，很容易"爆炸"，而这样暴怒经常指向已经惊恐万分的安吉拉。与此同时，在不暴怒的时候，他又会和安吉拉说很多的话，12岁的安吉拉早早就知道了父母关系不好，并且还从父亲口中得知了他出轨的事情。她当然发誓会保密。在她和父亲的复杂关系中，夹杂了很多东西，她既害怕父亲的暴怒，又对这样的关系抱有隐秘的兴奋，这些都不是容易应对的。

安吉拉是如何应对这些的呢？她非常聪明，个性坚强，这些事情如果发生在其他内心不怎么强大的人身上，估计早就崩溃了。就这样，安吉拉变成了家里那个目标坚定、能干、开朗的人，这样一来整个家庭就轻松了许多，而安吉拉却越发孤独。没有人，也从来没有过哪个人，可以真正回应她的情感需求。她早早地学会了照顾自己和自己的需求。进入青少年期以来，她和其他人建立的友谊，也常常是因为安吉拉有能力照顾他们。在她唯一的那段亲密关系中，一开始一切都非常棒，安吉拉总是乐观且能干。但当她内心那个绝望的小孩开始出现的时候，她的男朋友就表现出了恐惧和愤怒。

也许，正是这段关系的结束，以及需要离家上大学，一下子引发了安吉拉的进食障碍。可能其他的年轻女性在失恋后变得非常抑郁，而安吉拉则开启了滥用食物的模式，她不能在家庭里表现出自己的需求，而食物就变成了一个没有感受的抚慰者，一个无声的但可以满足她的母亲。这个时候的她早已接受了教训，也学会了如何不让自己意识到自己的情感需求，直到过去的那些创伤最终让她无处可逃。然而，尽管安吉拉看起来已经完全不能控制自己的体重，但直到三年后她才寻求帮助。

　　那对于这些我们可以提供哪些帮助呢？一方面，她有很多迫切需要达成的需求，也有很多需要表达的愤怒。在安吉拉的人生里，她要么压抑自己的情绪，要么就像这段时间一样滥用食物来表达情绪。随着慢慢相信我可以包容她的坏情绪，她开始相信自己可以接纳坏情绪的存在。情绪是可以被表达和分享的，也不需要一直担心会带来毁灭性的后果。这样也就意味着她不需要依靠滥用食物；她不再需要这样的抚慰者，似乎之前不可遏制的冲动也慢慢开始消退了。

　　另一方面，安吉拉的早期经验对她产生的影响，需要我们大量的思考、感受与理解。因为那不仅仅是在客观标准衡量下，她成长于非常困难的情境（当然这些也需要考虑进去），更重要的是，安吉拉本人是如何看待它的。举例来说，安吉拉（无意识地）认为她的母亲无法忍受她的坏情绪（当然这很可能是真的），因此世界上没有人可以忍受，所以她必须自己默默忍受这些。这是真的吗？就我个人而言，这是真的吗？如果对我来说这不是真的，那么对于别人来说也不一定是真的吗？这样的问询和安吉拉的进食障碍直接相关，因为它让相互信任的关系成为可能，双方都能表达自己的情绪与需求。这样，自己一个人躲起来吃东西的行为也变得没那么严重了。

　　随着我和安吉拉的谈话继续深入，逐渐有更多更重要的议题需要处理。我对安吉拉来说非常重要，因为我和我的行为对她而言是个全新的存在，她从来没有体验过。我认真倾听，关注她，在分开的时候我还会想起并记得她，可以照顾她的需求，让她意识到并确信自己是个珍贵的存在。当然，我并不是完美地做到了这些，也并不是没有犯错或曲折，但我做得比她之前受到的对待要好得多。从某种程度来说，我变成了安吉拉的母亲，因为我做的正是很多寻常好妈妈会做的事情——照看好孩子的心理（生理）需求。

　　随着我们的关系进一步深入，安吉拉逐渐相信当她来找我的时候，我都会在情感上给予她回应。这种信任带来的直接影响是，安吉拉不再那么需要进食障碍了，并且她在对待自己的方式上也有了变化。换句话说，安吉拉的母亲在某些重要方面从来没有好好对她，所以她不曾学习到如何对自己好。她对自己的不在乎、忽略自己的感受就是当年母亲对待她的方式——甚至更差。而我不会忽略她的感受。相反，我会尽我所能给予她密切、细致的关注。她也逐渐学会以这样的方式来照顾自己，也会慢慢相信她内心发生的事情是值得被关注和尊重的。她逐渐可以关注到自己内在孩子／婴儿的喊叫。

　　安吉拉从一开始的质疑到逐渐信任、依赖我，花了很长的时间——在咨询过程中，因为休假或其他原因可能会有中断的时候，她就会变得脆弱。她在坚持自我成长着，她的内在慢慢地发展出"好母亲"的形象，她会逐渐不再那么需要我了。那时候，通过暴饮暴食、催吐、节食来自我攻击，也将不再是她对待自己的方式了。

到安吉拉结束咨询的时候，我们已经在一起近三年，几乎每周一次，严重的时候一周两次，在危急状态下甚至频率更高。我们的工作带来了很大的收获。我们谁都不能说这个过程是轻松、简单或愉悦的。这个过程也没有一个必然的轨迹可循，反而有不少曲折、颠簸与耽搁。此外，我们都知道新生活也不会一帆风顺、没有烦恼。相反，她开始能够感受自己的痛苦，而不是像过去那样直接将其转化成进食行为这样的身体语言。当然，我们的工作并没有解决完安吉拉面对的所有人生困境。如果条件允许，我们可能会使咨询更久、更深入。安吉拉现在已经准备好离开自己的原生家庭，而在这之前她从来没有真正准备好过。她更想试试自己的能力，她坚信自己可以翱翔。

看到这里，亲爱的读者，这个故事给你留下了什么？我希望你们不要觉得安吉拉完成了一个奇迹。这并不是什么奇迹，而是我们经过一段很长时间的努力的结果。可能你可以明白关于早期经验中不太好的那一部分，我们需要花很大的时间和精力来处理与修复。遗憾的是，这个过程并没有奇迹，也没有速效药。

再者，事情永远不会那么简单。我和安吉拉一路颠簸，有时候并没有什么进展，并且治疗关系也是提前结束的。罗茜就是这样一个例子，回顾自己暴饮暴食、滥用泻药的过程对她来说是完全无法忍受的痛苦。她也想继续思考，但对于那时候的她来说真是太难了。她尝试了好长一段时间，但还是太难了。她离开了学校，我也和她失去了联系。两年后，我们偶然相遇，她告诉我她之后有找过一位治疗师，咨询了近六个月，对她来说恢复正在一点点发生。我非常开心，虽然罗茜和我的合作并不是平常意义上来说的"成功"，但对她来说能够有勇气去做多一次的尝试，就已经够好了。真正面对早年生活带来的创伤，需要咨询师和来访者都具备勇气。这个过程是困难且痛苦的，但可以带来满满的希望，而滥用食物却不会。

▶ **停一停，想一想**

本章的这些故事是不是能让你意识到，你的进食习惯是你在应对那些成长过程中经历的种种困难？如果真的是这样，你就有很多选择了。以下我简要归纳了一些可以提供的帮助，具体的信息可见第 12 章。然而，在这里我最想和你说的是，你确实尽力做到最好了，虽然以食物作为工具来应对不是一个好的选择，但至少帮助你解决了彼时彼刻的问题。若是你想要用另外一种没那么有破坏性的方式来应对生活扔给你的难题，你就要学会怎样照顾好自己，试着与人联结，而不是一味地用食物作为工具来面对生活带来的挑战。

· 第一，你可以试着对自己的过去进行工作。你会有很多自助书籍可以参考，其中有一些在第 12 章中有提到，当然你很大可能会找到其他一些。注意，这可能是一段很孤单的旅途，在某些时刻你会特别需要其他人的帮助。

·第二，你可以找到一些自助支持小组，在这样的小组里你还可以听听别人是如何处理的，并且它们可以为你提供支持。B-eat（前身为进食障碍协会）会在英国组织这类支持小组。通过本书，我也会为这些自认为是因为无法管理情绪而进食失调的人们提供支持。如果你的父母或者兄弟姐妹有成瘾问题，你也可以加入一些支持小组，比如 Al-Anon 或者 Al-Ateen 都可以帮到那些酗酒者的家人们。当然，这些小组可以帮助你听到其他人的想法，但在一定程度上也限制了你自己对问题的探索。

·第三，你也可以寻求一对一的帮助。这并不意味着只是那种特别正规的付费心理咨询，有些学校也有着非常完善的教导关怀体制。有些教堂也会提供这种支持。有些青少年工作者或者社工也会提供此类帮助。当然，你也可以寻求正规心理咨询。

作为性侵应对方式的进食障碍

厌食症，和强迫性进食一样，其实是你在努力保护自己，努力来获得控制……你想重新得到那些小时候就被夺走的力量。

——艾伦·贝斯（Ellen Bass）和劳拉·戴维斯（Laura Davis）:《疗愈的勇气》（*The Courage to Heal*, 1988）

在过去的 20 年里，我们看到许多儿童遭到性侵，也知道这些性侵给他们带去了毁灭性的影响。并且，我们还发现，很多女性执迷于节食，以此来控制自己的身材和体形，这其实是应对过去被性侵的方式之一。[11] 在这一章中，我想先来讨论下，那些曾经来咨询的女性来访者们是如何用进食障碍来处理自己关于此的记忆，以及她们是如何使用进食障碍来应对性侵给其日常生活状态所带来的影响。

记得，但不再感受

我曾经和许多在童年时期遭受过虐待的女性来访者工作过，她们永远也不会忘记这个事实，而她们中的有些人会用失调的进食行为来让自己远离这种消极感受。这些女性在讨论起虐待这件事情的时候，就好像在讨论其他人的事情一样。

卡拉的故事

卡拉被她的叔叔性侵长达数年。在那些年里，她没有人可以诉说，只能自己默默承受这一切。她的母亲性情多变，是一个可怕又暴躁的人。她的父亲在外挣钱，常年不在家。卡拉是家里最大的孩子，她无法把被性侵的事情告诉自己的弟弟妹妹。她的状态非常糟糕，以至于毫不意外，她需要用极端的方式来应对这些。数年来，她一直幻想自己是 HIV 阳性，这样她就不再那么焦虑、恐惧，甚至不再那么恶心了。在 20 多岁体检的时候，她终于鼓起勇气去做了检查，结果发现自己压根就不是 HIV 阳性。但这对她来说似乎不是好事。原本，这个幻想在某种程度上是一种自我保护，这样她就不需要去面对烦人的情绪，而现在她失去了这种自我保护。于是，她下意识又选择了"厌食症"（当然是无意识的），这样她又无需去面对自己的恐惧了。卡拉不像大多数的厌食症患者那样心心念念去计算卡路里。她只是把自己饿死（不吃早饭，没时间吃午饭或只吃一个简单的三明治，如果她的丈夫做了晚饭那就吃点，没做就算了，她有时候只喝点水、吃些坚果）。这样一来，她瘦得皮包骨头。她还不让自己睡饱，也不让自己穿暖（她总是穿很少的衣服），更不让自己得到快乐（生活只剩下了工作），也没什么社交活动，任何让生活变得有趣起来的方式都统统与她无关。如果她偶尔给了自己小小的甜头，比如在床上躺一个小时，她就觉得自己"很自私"，然后接下来的时间里，她就会用加倍的努力去弥补。就这样，她顺利地把自己整得身心俱疲，而不需要与自己的真实感受去联结了。所以对卡拉来说，从开始承认自己的感受，再到修通这些感受，有很长一段路要走，卡拉只能慢慢从识别自己身体内的简单感受开始，比如疲劳与饥饿。之前因为乱伦的感受实在太糟糕，于是她干脆隔离了自己对所有情感的感知，来保护自己。

记得与不记得

我工作中遇到的其他一些女性有过对过去发生的可怕事情的怀疑、感受，及微弱的记忆。她们不确定这究竟是什么；她们担心这些可能是自己编出来的或想象出来的；这些在她们的梦中和短暂的闪回中（病理性重现）再次出现。但她们无法确定地或具体地说下去。有些人——治疗师、法官、社会工作者、父母——很容易就会指责女性是在"编造"。众所周知，儿童很明确地描述了他们是如何被虐待的，却被告知他们"编造"的行为是不好的。对我来说，那些孩子或女性似乎不太可能会去编造。我不认为我工作中遇到的女性来访者说的都是怪诞的谎言，我认为一切恰恰相反。她们担心发现真相，害怕夸大或幻想发生在她们身上的事情。我认为你完全可以怀疑你可能经历了很严重的虐待。然而，这些怀疑是极其痛苦和令人不安的，女性常常会很努力地分散自己的注意力，以便让自己可以不去持续地感到担忧。进食失调就是女性为此采用的一种方式。

菲丽帕的故事

菲丽帕的睡眠质量非常糟糕，且会因重复的梦被惊吓醒来。其中一个梦是，一个男人正在往她的喉咙里塞进一些东西，试图让她窒息。她也有在半睡半醒的状态中经历过一系列的"白日梦"：其中一个梦是一个男人上楼来到她的房间；另一个梦是她躺在床上，而一个男人和她躺在同一张床上，并且她能感受到他勃起的阴茎顶着她的臀部。后者不是成年女性普通的愉悦的性幻想，而是令一个孩子感到惊恐的焦虑。这些梦境是不是反映出一些菲丽帕不记得的现实经历呢？很多年来，她都太害怕这些阴影，而无法允许自己对此细想。反而，她用对食物、身形和体形的担忧填充了每个清醒的时刻。菲丽帕过去是一位强迫性进食者，她用所吃的食物咽下了她的怀疑和记忆。只有在她的梦里和半醒的状态中，这些持续的画面才会回来萦绕着她。我是她第一个吐露这些疑虑的人，我对此很认真。基于我对菲丽帕家庭的了解，她吐露的这些对我来说讲得通。我们开始对这些画面做工作，方式是讨论："如果这是准确的记忆，你认为它是什么含义？如果这是准确的记忆，那么发生了什么？如果这是准确的记忆，它解释了当下的什么以及你现在怎么样？如果这是准确的记忆，你有哪些感受与之相联？"

通过这些方式，我们开始了解更多菲丽帕的经历及其内心世界。然后在我没有任何暗示的情况下，她开始诉说她认为自己的确不必放纵饮食，所以逐渐地，她不再用放纵饮食来作为应对方式。她继续关注自己的感受、想法和记忆，但她不再需要将痛苦转化为食物的滥用。

忘记

人们经常会在来咨询时抱怨一些事，比如说进食失调，同时以为这个抱怨才是真正的问题。这是"如果我能瘦 10 磅，我的生活就完美了"的症状，且通常掩盖了各种其他忧虑和恐惧。随着咨询的推进，这些潜藏问题变得清晰，人们常常记起各种已经"忘记"的事情。目前，神经科学可以告诉我们，要我们真的"忘记"任何事似乎是不太可能的。即使那些经历追溯到在学会说话和我们的大脑完全发育之前，也会留下踪迹和感受。例如，事实证明，有些人试图重构他们的出生经历是非常值得的，而他们在最明显的感知层面对此没有"记忆"。

当我们感觉安全、被理解和不被评判时，我们能够通达各种记忆和感受，否则它们会被我们很好地隐藏，甚至我们对自己也隐藏了起来。正是由于这个缘故，当它们过去无法出现在意识层面的记忆中时，被虐待的记忆时不时会浮现。贝弗利正是这样。

贝弗利的故事

贝弗利在一个充斥着暴力的家庭中长大，并且童年很不幸。她曾是位强迫性进食者，症状持续了相当久的时间，而且明显有足够的理由。在 20 多岁时，她加入了一个面向强迫性进食者的团体，并且开始就其潜藏的问题和生活中的困难做工作。她发现这个团体很有帮助，并由此意识到她不是唯一遭遇强迫性进食的人，她也可以从别人的回忆和经历中学习。她一点点记起许多被她忘记的童年往事，这些记忆已经很模糊，有许多缺口。在其他事中，她逐渐记起她在很小时被她的父亲性侵过好几年。她脑海中有这些记忆是毋庸置疑的；她记得各种可以确定这些记忆的细节的时间、地点，但之后这些记忆便从她的意识中消失了。当然，重新记起这些事是不易的，之后很长时间贝弗利在许多场合都对这些事感到苦恼。但是，因为这些事解释了她在行为方面过去无法理解的地方，包括她对与男性建立关系的恐惧，所以这也是一个宽慰。

这类宽慰对女性记起遗忘很久的事情来说是常见的。汉娜，像贝弗利一样，童年时曾被她的父母虐待过。她从未忘记这些经历，也没忘记与这些记忆相联系的恐惧和愤怒。但是，她有很长一段时间处理不好与食物和体形的关系，开始有过几年的厌食症，接着又是暴食。在我理解她后，我们花了很多时间处理她和父母的关系。这帮助到了她的暴食，但没有完全摆脱它。但是，当她开始记起她的祖父性侵她的方式后，她揭开了一整块的感受和过去被隐藏的经历。于是她开始更能理解她当下与男性、与父母的关系，以及她的父母与她的祖父母的关系。这对汉娜来说是非常痛苦的，但也带来了一个非常具有创造性的时期，它让汉娜的进食问题彻底结束了。

性关系以及与男性的亲密关系

尽管女性性侵儿童和男孩受到虐待并不罕见，但在这章我主要聚焦在男性对女孩的性侵上，也更关注这些经历如何影响了她们长大后每天的生活。或许最明显也最容易了解的这些性侵经历的影响是其对许多女性造成的成年后建立亲密关系的问题。这些问题往往长时间地被进食失调伪装掩盖了。

有一位女性，她多年来受强迫性进食所困扰，她描述自己有过"许多性体验但没有得到很多爱"。孩提时，她被迫接受了性而不是爱，而作为孩子的她需要的当然是爱而不是性。这两者使她困惑。她有时以为只要有性就能得到爱。她曾是不被爱的孩子，也像许多经历乱伦的受害者一样，在绝望的需求和对某种被关注的期望中，顺从了施虐者的要求。成年后，她也是这样做的。出于绝望的需求，她经历了主动的性关系，也一次次发现自己不被爱。相反，她发现进食是唯一可以自我慰藉的方式。她曾以为每个人都只想从她那里获取性，毕竟从小的经历都是这样，而食物可以让她暂时不再感受到无价值感。但这个故事有个悲伤的结局。她当时 40 多岁；她那样生活了 25 年。她想要真正的成长，就需要对此和生活方式有巨大的改变，那会是漫长且痛苦的事。这显然太困难了，至少在那种方式下如此，因为我只见过她一次。或许她离开后靠自己解决了这一切，也或许她找到了别人来帮助她。我希望是那样。

我们常会看到小时候不被爱的年轻人在年纪很小的时候就早早进入一段性关系。我们的社会文化让衣着和行为在人年纪轻轻时就性感化，同时又允许年轻人有很早发生性关系的自由。但这些关系常常都建立在错误的观念上，以为童年未被满足的需求可以用性修补。成年人的亲密关系的确可以修补童年的遗憾，但仅限于具备爱、关心和相互尊重的亲密关系。过早有性经历的女孩（或许以及一些男孩）可能会发现自己不被爱且未曾恢复，却被利用和伤害。

一些人努力通过性来寻找爱，而另一些人却走向另一个极端，他们消除所有关于性的想法，也完全没有对亲密关系的兴趣。这是我知道许多厌食症女性处理性侵创伤的方法。厌食症产生饥饿状态，这产生迫使我们的身体聚焦于生存而非生育的生理效应。这会改变女性的荷尔蒙平衡并使她不能生育——就像她的身体知道无法维系胎儿。这与对性的感觉和幻想的缺失有关。不仅如此，厌食症是，也注定是占据大脑的一种状态。你需要很努力才能成为一名厌食症患者。你不再有时间和能量去思考亲密关系。这个方法唯一的麻烦是，这是一种很糟糕的生活方式，也是为忘掉原来受虐创伤承受的极高代价。我知道有女性在生育年纪里一直处于这种状态，因为初次经历性的原始恐怖和痛苦让她们对此避而远之。

这一切也可以通过变得超重来达成。严重的肥胖会降低生育力，也像是我们的身体知道承受这么大的体重不利于胎儿和孩子的健康。如果你严重超重的话，你可能会发现建立亲密关系在实际中也变得困难了。你的脂肪让其他人难以靠近你。这或许能帮你从一段让你害怕的亲密关系中解脱出来。

至少在我的经验中，更常见的是女性具有关于性的想法和感觉，但难以真正将其转化为与男性或女性的令人满意的亲密关系。这些困难可以被进食失调以各种形式伪装掩盖。其中最典型的是："我感到自己很胖、很丑。如果我没有那种感觉，我就会每晚去社交／安定于长期的关系中／寻找一个性伴侣／享受我所拥有的亲密关系。但是，直到减肥后我才能做到这些。"当她们全部的注意力集中在体重上时，这些女性可以避免面对关于过去和关于现在的可怕真相：她们害怕与另一个人建立亲密关系，她们可能有很好的理由去这样感觉。

有时，只有在女性正处于一段关系并开始发现（常常是通过阅读）其亲密关系并不如别人所说的满足和享受时，才发现这些困难。比如，她们开始意识到，她们在被亲密地爱抚时毫无感觉，这使她们在性交时无感，而唯一获取高潮的方式是自慰。有时，当她们在做爱时，这样的担忧会让其闪回到童年的经历。我工作中遇到的一位女性就经历过闪回至性侵她的兄弟的面孔，这短时间替换了她爱人的面貌。这些意识常常被食物和对体形的长年困扰所屏蔽了。

信任和支配 / 控制

任何这些亲密关系上的问题都不容易解决，尤其是关于信任和支配方面的议题。令人满足的亲密关系，必须要能够信任伴侣，允许情况或自己不完全在自己的掌控之内。但在定义上，性侵受害者已经被另一个人背叛了信任，同时被支配而没有对自己的控制。信任和支配的问题常常是经历虐待的幸存者情感发展的中心问题。

发展信任和双向性是亲密关系中一部分困难的工作，目的是为了不让某一方感到被控制或处于控制。但进食失调的人，尤其是受过性侵的女性，将信任与支配的问题从对方和亲密关系上转到了食物上。例如，一个进食失调的青少年不会直接在其社交和友情关系中与她的不信任和控制问题作斗争。她几乎肯定不会和她的男朋友就看哪部电影而争吵或担心朋友在背后议论。对这些问题的探讨可以帮助发展协商技能，以及双向性与信任。但是，进食失调的年轻人没有或很少有社交生活，信任和控制感的问题变成了食物的问题。她不信任的是杯子里的燕麦或商店里的巧克力棒，抑或她胃里的火腿三明治。她不知道这些对她好不好，也不知该如何应对。她考虑通过控制来处理这些问题，但她常常感到自己被食物所控制。她不担心能否与隔壁男孩去看电影，而是担心是否该吃冰箱里的酸奶。

有一个女生就是一个很好的例子，她是一名护士学生。她待在住所不去社交，常常找理由不和朋友出门，直到朋友们不再邀请她。她也想周五晚上去俱乐部，也有许多关于与男生约会、亲吻之类的幻想。但是她因为父亲早年的性侵而害怕与男性有真正的亲密关系。当下，她无法直接担心这个问题，所以转向担心食物。她想方设法使自己超重，这样就可以一直操心节食，而不用直面找男朋友之类的事。

同样，将对人的担忧转移到食物上也存在于已有的关系中（不只是经历性侵才会如此）。当苏珊娜与她的伴侣意见不一时，她没有争辩，而是让自己生病。当她担心对方在哪里、做什么、回来很晚时，她没有正面质疑，而是放纵饮食。

这个系统的麻烦不仅是这个人发展出的进食失调——当然这也够糟了，也不仅是她们回避了原始问题，而是把自己与情绪体验分割开来，这却是令人满足的关系所需要的。这如同学习障碍，你逃学是因为讨厌阅读，逃学使你惹上麻烦。没有人问你为什么阅读对你来说是困难的，同时你也不想学习阅读，这意味着其他活动也没有可能了。学习阅读不是额外选择的，学习叙述也不是。这也是咨询师和治疗师可以发挥作用的地方，尤其是治疗的任务是在安全的无性的环境中建立关系。理想的情形是，与治疗师的关系成为发展表达技能，尤其是信任和控制感的练习，这可以帮助她们应用于现实生活。

自我认知和自尊

性侵带来的痛苦和灾难性的影响里，最坏的可能是受害者常常感受到的自我无价值感和羞耻感。性侵就是利用某人满足自己的愉悦，而不管受害者的感受和需要，将他人当作物品、工具，否认他们的人格。没有孩子可以给予"同意"，但是许多施虐者和评审团的人可能想要责备孩子。成人不可以说"她靠着我""她想要""她从没拒绝"这样的话来推卸责任。儿童或青少年和成人之间的权力不平衡是巨大的，成人对孩子有义务和责任不去滥用这样的权力与信任。

然而，尽管如此，大量遭受性侵的女孩有罪恶感、羞耻感并感到自责。她们也感到自己肮脏，并厌恶自己。换句话说，她们感受了施虐者拒绝的感受和责任。这常常导致巨大的自我无价值感。许多遭受性侵的女性和我说过："我感觉自己像一坨大便。"

因为另一个人的行径而每天自我感觉糟糕，这是一件非常难的事。许多女性试图通过药物或酒精努力逃避这种感觉。另一些人则通过进食。进食失调的好处是给自己整体感觉自我无价值感的思考。你感觉肥胖和丑陋，这带给你毁灭性的低自尊感。

　　走出这一切不简单，也不会很快。这需要你与那个童年被虐待的自己建立联结，通过她的视角审视一切，并认识到这些感受不是你的错，不用感受自己的无价值或自责。接着你必须创造并发展更清晰、更坚定、更强大的自我感；对大多数女性，这是漫长缓慢的工作。女性的工作和生活常常被认为不那么重要——想想女性在职场想获得平等工资的例子。当外在世界保持对女性的价值低估，则很难在内心平衡过来。你需要开始认识你的能力并珍惜它们。我工作中遇到的一位女性通过在一个志愿机构做管理者逐渐认真地看到自己的价值。另一位则学会看到自己手工技能的价值并享受它，而且通过学习这方面的课程取得相关证书。还有一位不再说自己是一个无用的差劲母亲，开始看到自己的优点并逐渐发展好的方面。这个过程中，这些女性得到了自信，了解了自己，开始认为自己是有价值的，并不是"一坨大便"而是一个人。

　　更重要的是，确保不再允许自己在亲密关系中、友情中和工作中被不好地对待或虐待。许多被虐待的女性以为被虐待是正常的，没有意识到其问题。心理治疗很有力的效果之一就是尊重地对待这个女性。治疗师用心倾听，努力了解她的经历、生活，及其背后的意义。当一个女性不习惯这样的治疗时，它提供了与她在别处得到的治疗的强烈对比。这有时可能意味着她将离开重现她童年不幸的一段关系。

我想用两个个案来结束这章。第一个是一个女性小时候被遗弃在福利院长大的故事。她在很小时就是一个脆弱的孩子。因为对她是否会回到原生家庭的误判，导致她从未被领养，也没有获得长期的抚养安排。这个女孩我暂且称她阿曼达（意思是需要被爱）吧。她辗转于各家福利院，在那里她经历了身体虐待和性侵。这个令人不快的背叛使她成为一个孤僻的女孩。16岁时，她被要求离开福利院，在几乎没有任何支持的情况下，独自在世界上生存。这些致使她发展出厌食症和暴食症来应对这样的经历和情绪。我见到她时，她正处于暴食症，而这不是全部问题。我们花了很长时间才让她生活中的许多真相浮现。阿曼达开始说起一些她记得的事，然后中断，说自己的问题就是超重，如果我可以帮她解决这个问题就一切都好了，至此早年经历带来的痛苦与暴食症之间的联系变得清晰。尤其因为性侵，她很憎恨自己的身体和自己，也对施虐者怀有很大的愤怒。她感觉很难有理由相信任何人，这让她很难建立好的亲密关系。我向她提供咨询期间，她没有停止过度进食。她需要这个，也没准备好面对童年的巨大创伤。我觉得她已经尽力做到最好了，她也继续从其他地方寻求帮助。她的故事可能说明进食失调对经历虐待的人的价值和需要，以及在改变发生前需要做大量工作。

另一个故事的主角是一位儿时被她的父亲持续且严重虐待的女性，她患上了厌食症。她嫁给了一个冷酷的男人，他对性的态度更多是生理需求，需要被满足，没有情感，就跟上厕所一样平常。然而因为习惯了被虐待，索菲开始没有拒绝，直到她开始处理自己的厌食症。她才意识到和丈夫做爱的感觉很类似于她早年被虐待的创伤经历。她让丈夫与她一起去伴侣咨询，她的丈夫去了，但完全不理解她的苦衷。他反复说他没有任何抱怨，唯一的问题是索菲的厌食症。去接受索菲的抱怨似乎超出了他的权力。过了很长时间，她的丈夫仍无法改变，而索菲的厌食症和她与丈夫的亲密关系有联系，索菲逐渐决定结束这段关系。她强烈地觉得自己值得也想要更好的生活，希望不受厌食症的困扰。

性侵的创伤可以被治愈，其带来的日常困扰也可以被克服。往往进食失调是生存的一个必需方式，但是如果其背后的原因能被关注和解决，则进食失调也不再被需要，可以被消除。我不能说这个过程可以快速、简单，但它能让你有力量，可以成为自己，不必隐藏。

▶ 停一停，想一想

应对性侵经历的第一步是找到自己童年受到虐待的那部分。你可以有许多发展自己这个内在能力的方法。

·你可以用第三人称写下自己的经历；这往往可以帮助识别究竟发生了什么。

·你可以用一个玩偶，把它当作小时候受到虐待的自己，与其对话。

·你可以画出自己的样子和施虐者的样子，观察会浮现出哪些感受。

·你可以写一封信给施虐者，告诉他你对其行为的看法。

第 12 章提供了更多可以使用的资源。

我和我的身体

我们生活在这样一个西方文明高度发展的社会里，对于自己的容貌异常关注。可能从 20 世纪 60 年代开始，我们（特别是女性）很多年前就被教育要无时无刻不去留意自己的容貌，甚至对于自己或他人的外表过于苛刻。这样一个"外貌主义"的社会对我们来说已如此熟悉，以至于我们感觉这再寻常不过。我们树立了一个一个典范，告诉女人们"应该"看起来怎么样，并急着将这样一套系统扩展到男人的世界里［比如《男性健康》（*Men's Health*）这样的杂志］。我们基于我们的外表来相互讨论、相互评价。曾经有过这样的观点，"女为悦己者容"，而现在看起来似乎更是女人为女人们或者说为自己而容。传递的信息似乎是："我就是我的容貌。"女明星们的容貌在杂志上、互联网上被详细分析却罕见表扬。相反，一点点小"瑕疵"或者小"缺点"就被指指点点，甚至被放大。我们总是被教育我们看起来怎么样对我们来说最重要。

这个系统对于有些年轻女孩有着致命的摧毁性，因为她们可能觉得自己的容貌不符合她们所在的社会群体的要求，或者没有达到她们认为足以代表她们的东西的标准。可能在阅读本章的读者们也有这样的情况，你们觉得自己的衣服、发型、鞋子没那么光鲜，特别是你觉得自己太胖了的时候，就不想走出家门。你可能很害怕你所属社会群体的其他人对你的容貌的反应，甚至你可能经历过因为容貌而被霸凌。据了解，最明显的就是青春期的女孩们对于那些与众不同的或者不能匹配团体标准的人特别有恶意。人群中超重的人就很容易遭受这样的攻击对待。其中一个故事来自 BBC3 纪录片《32 岁的大码少年》，有个女孩因为自己的身材遭到无情的霸凌。她讲述了自己是如何被关在教室里，而这个时候班里的其他同学都已经去地理课的实地考察了。我知道的另一个年轻女性应对自己穿 18 码的衣服的唯一方式是，她告诉朋友自己是因为疾病才长胖的。对长相的自我意识将你和朋友隔离开来，也因此毁了你的社交生活。

这些关于年轻女性外貌的社会规则，部分是因为在我们青春早期的时候，我们不知道自己是谁。我们还太小，没有足够的经验，也没有学会如何建构出稳定的自我认同。所以我们一直在尝试，就像青少年不停地改变自己的装扮和发型来自我探索一样，外表是最容易被人识别和认同的，这时候如果有社会团体的规则可以去遵照，那我们自然会感觉安全很多，而不是将自己直接暴露于成长过程中的挑战与难题：比如担心无法融入，他们很害怕自己被排斥，于是对于那些看起来格格不入的人，他们非常残忍。除此之外，我们的外貌也在彰显自己的性别认同——你是男性还是女性。性别和性向对我们所有人来说也是一个重要的议题。遵照"男人就该有男人的样子，女人就该有女人的样子"的准则也会让我们感觉安全，在我们寻找自我的过程中，至少可以找到一处可以躲起来的地方。

（在任何年纪）似乎人们一旦感觉自己的身份认同遭到了挑战，或感觉不安全的时候，就会开始排斥异类和陌生的东西。如果我对"我是谁"已经非常清楚，也对自己的容貌很有自信，我就不必对那些和我不一样的人很挑剔，甚至很有敌意。我就会说："我对于自己是谁这件事情很满意，你可以做自己，我很为你高兴。"然而遗憾的是，因为肤色不同、性取向不同、宗教信仰不同、外貌不同以及各种其他因素，我们经常可以看到偏见和敌意，并且越来越多。然而，让自己有安全感，又对别人宽容，这件事情谈何容易？

身体意象

年轻女性热衷于用体重、体形和穿衣尺码来评价自己和他人。再加上商业利益的推波助澜，这种趋势越发明显。商场里出售的各类衣服、化妆品和护肤品无一不向我们允诺，我们可以通过它们变得更加美好。但时尚行业展示的（这些过度粉饰的）意象过于完美，大多数女性都无法达成。我们不可能都是又高又瘦的。实际上，大多数模特的身材在人群中的比例是非常低的，可能存在着比较大的健康隐患，但即便如此，这样的审美观念仍然渗透进了我们的社会文化:《花花公子》的插页、芭比娃娃、女性的均码、成衣尺寸选择等。难怪有那么多年轻女性为追求这些不可能的标准而感到巨大的压力，也难怪有那么多年轻女性因为不满意自己的身材而选择用失调的进食方式来进行身材管理，不管这个过程有多么自我折磨。[1]

▶ **停一停，想一想**

你有没有经历过以下这些压力:

· 你是不是在出门之前，要一而再、再而三地确认自己的仪容仪表?

· 你会如何描述你所在的社会群体关于"你应该看起来怎么样"的规则?

· 如果你（或者团体中的其他人）没有遵守规则，怎么办?

· 对你来说，这些规则是你的身份认同的一部分吗?

· 当你和别人在一起的时候，这是一种让自己感到安全的方法吗?

这些关于身体意象的问题也会对一个人的亲密关系造成破坏性影响。我见过各个年龄段的女性，她们都因为对自己感到不满

意而影响到了和另一半的相处。我想起了一位 40 多岁的女性，她叫鲁比，她有两个正处于青春期的孩子和一个深爱她的丈夫。她和她的丈夫因为夫妻生活的问题一起来咨询。她完全无法忍受丈夫看到她裸露，哪怕只是部分身体的裸露。她强迫性地不愿意让别人看见自己的身体，在性方面也丝毫没有愉悦感，因为她始终都在焦虑她的身材。随着我们谈话的深入，一切慢慢变得清晰，这个问题其实一直困扰着鲁比，但是随着衰老和长胖，这些问题变得愈加严重了，尽管她的丈夫一直表示她很迷人、很有吸引力，试图让鲁比安心。但鲁比还是坚持无性婚姻，所以他们的婚姻毫无疑问陷入了危机。有意思的是，鲁比一方面非常讨厌自己超重，而另一方面又在持续长胖，因为她一直用食物来抚慰自己。

除了社会文化压力会导致失调性进食之外，还有其他因素也会产生影响，在讨论这些因素前，先来思考下我们还用哪些方式来自我评价和评价他人。在深入讨论之前，先邀请你来做以下练习。

▶ **停一停，想一想**

想一想你深爱的人。想想这个人身上是什么在吸引你？列出三点或以上的特征。

我大胆猜测，你们的列表里一定没有对此人外貌的描述。所以，我观察到的是，我们评价他人的时候似乎存在着平行的或相互独立的两套系统。一方面，我们用外表去衡量、评价，甚至批评他人的长相，或因长相欺凌他人。另一方面，我们无比清楚地知道我们钟爱、信任一个人与他们的外表毫无关系。我们非常看重善良、体贴、无私、慷慨、乐于助人、幽默、重情义、聪慧等这样的特质。对于判断谁值得信任、喜爱，过度看重外貌是一种肤浅以及（我认为）没有意义的方式。如果你同意我的说法，你可能会开始质疑那些"规则"，更不会遵守那些规则了。你——你是谁——比你的外表要重要得多。

你可以这样测试这个理论，想一想一个你认识的人，他身有残疾。假如你们有机会相处上一段时间，相信不用多久，你就会彻底忘记残疾这回事，而更关注这个人本身。所以，我们远比我们看起来怎样要重要得多。

在我们迷失于对外貌的执念中时，其中一件被我们忽略的事情就是，我们的身体是功能性的——它们注定是要做点什么。试想下，如果哪天身体不听使唤了会怎么样，或许我们就更清楚地知道身体的实际价值了。以下引用自《泰晤士报》专栏作者梅兰妮·里德（Melanie Reid）的一系列文章，在2010年4月，她坠马导致颈部、腰部受伤：

以我自己为例，从来没有什么时候能像现在遭遇了脊椎瘫痪这样，如此清晰地去审视这个社会的身材偏好，当然我相信其他患有重大疾病的人也都会有类似的感受。当一个人挣扎在生死线上或保不住身体的某一部分时……这个社会却越来越倾向于仅仅用是否好看、性感来评价一个人……当某些重大灾难，比如突来的瘫痪发生时，会彻底改变你关于生活中重要之事的看法。反观那些不再重要的事情，可能头一个就是我们对时尚与美容行业的粗浅痴爱，以及对变瘦、变美的执念。

——梅兰妮·里德：《脊柱》，载《泰晤士报》2010 年 7 月 10 日

自我概念

让我们回到你和你的身体与失调性进食的相关性这个议题上来。我想说的是，特别是对于年轻女性来说，她们承受了巨大的压力来努力达到这个社会群体对其外形的要求，而这些压力可能正藏于一些失调性进食行为的背后。但是如果那真是导致失调性进食行为的根源，那么所有的女性（也许还有不少男性）其实都很煎熬。无论进食障碍看起来有多常见，那都不是一件寻常的事情。那么还有其他什么原因可能会起作用呢？

你是否还记得我在前文中提到的依恋主题？你过去的依恋模式将如何影响你对容貌与身材的焦虑程度呢？我们知道，安全的依恋可以帮助我们建立起更好的自我意识以及更高的自尊感。如果你生活在一个充满爱的家庭里，你欣赏自己，欣赏你的人格、你的本我，那么很大可能在成长的过程中乃至成年以后，你对自我的评价不错，也就不会那么在意其他人的评价，不会对那些消极评价耿耿于怀。相反，如果父母亲或者其他主要养育者在你成长过程中传递的信息是你并不是他们想要的孩子，或许总是说你

又笨又懒或者讨人厌，那么对你来说，就很难相信自己是好的、可爱的、值得被爱的。

自我感，又被称作自我概念或自尊，在人生的不同阶段和不同方面可能会有所不同。比如，可能你在上学的时候对自己的功课很有信心，但对于自己的长相不太满意。你可能觉得自己是个很好的朋友，但对自己的体重感到极其痛苦。你可以试试如下的练习。我根据自己的经验列举了不同方面，你可以试着给自己打分，看看你在不同方面的得分。比如，你对自己的教育背景很满意，你可以从 1—10 分给自己打个 8 分或 9 分；而对于那些生活中让你感觉比较尴尬、不足或者比较绝望的部分，你可以打 2 分、3 分或 4 分。我还留了些空方便增加内容，如果你觉得还有其他没有列举但对你来说很重要的部分。

生活的方方面面	你的打分
教育	
长相 / 身材	
作为一个朋友	
作为一个女儿 / 儿子	
作为一个（继）父母	
作为一个伴侣	
经济实力	
健身习惯	
工作能力	
？	
？	

大多数人会发现，他们在不同的方面给出了截然不同的分数评价。比如，你可能对自己的工作能力非常满意，但觉得自己的理财能力一塌糊涂。很可能对你来说，长相这方面的得分会比较低；一个有着失调的进食行为的人往往会给出这样的低分。这其实是完全没必要的，因为世界上没有两个人的长相是完全一样的，只是你把长相当作了自我评价的方式，或者你重复了其他人对你的长相的负面评价。你还可能因为对自己的长相有着消极感受而以偏概全，完全看不到自己在其他方面的闪光点了。

所以我们试着来找找一些使你负面评价自己外表的早期经历。让我们来回想一下自己十一二岁前的时光。我记得一位女性曾告诉我她的故事，从懂事开始，她的母亲就一直让她节食，以至于她总觉得自己的身材是有问题的。你有类似的经历吗？

> **▶ 停一停，想一想**
>
> ·你还记得小时候你的家人是如何评价你的体重、身材和外貌的吗？
>
> ·这些评价是积极的、欣赏的吗？
>
> ·他们对你的长相是喜欢、欣赏的，还是非常苛刻，甚至是批评的？
>
> ·找出一张那时候的照片，重新看看那时候的自己，是不是和你的感受相吻合呢？

学校也是一个非常重要的影响因素，特别是我们在很小很小的时候，已经开始对自己的外形有所意识了。我的很多来访者都告诉过我，他们在小学的时候就已经为自己的身材感到尴尬，尤其是在他们无法像别人一样跑得那么快，或者无法像别人一样能很轻易地保持平衡以及很灵活地玩游戏的时候。

▶ **停一停，想一想**

你还记得小学时候的体育活动都做了些什么吗？先想想有组织的活动——运动会、体育课，或同等的比如音乐和运动、舞蹈、接力赛等。写下一些与这些记忆有关的关键词。

然后考虑非正式的体育活动，比如各种随意奔跑的游戏或者在操场上踢足球、跳绳、跳房子等。你对参加或不参加这类活动的记忆是什么？你是否记得老师或其他孩子对你的体格特征的反应？请写下一些关键词。

如果你的早期经验是好的，那么在 12 岁左右，你可能对你的形象和体格特征感到相当有安全感，在这个年纪，青春期的变化是很难管理的。这些变化对女孩来说似乎尤其困难，她们有时喜欢停留在青春期前的那种身材，而对于男孩们来说，体形的增长以及阴毛的出现等却是让人得意的。如果你正在进入发展的这个阶段，对于自己的形象已经感觉很糟糕，那青少年阶段对你来说可能真的很可怕。理想情况下，你需要一个让你感觉安全的大

本营，在那里，这样的变化是值得被庆祝的，并会被当作极其自然的以及被欣赏的发展来接受；你还需要一群互相支持的朋友，一起经历进入成年身体的奇怪过程。但是我经常听到养育者会对孩子脱口而出"这孩子矮胖矮胖"之类的话，或者听到学校活动选人时发生令人羞耻的事情，又或者听到因为长相而被嘲弄的事情。

▶ **停一停，想一想**

你还记得你的家人是如何评价你青春期时候的体形的吗？你可以和他们一起讨论身体发育的感受吗？他们会带着同理心来倾听吗，还是这些事情从来没有被讨论或提及？在家里的时候，你曾因为容貌而被嘲弄或指责吗？请写下关键词。

在学校的情况如何呢？对于身体的变化，你可以从朋友那里得到支持吗？还是有曾经因外形被嘲弄甚至被霸凌的经历？

你有因为某项运动而对自己的身体感到满意吗？还是因为运动是生活的一部分而让你感到不开心？除了运动之外，还有什么活动能让你感受好一些，比如，玩乐队或跳舞，参加爬山或露营等户外活动，学会了骑车或武术等？

可能这些经历与回忆让你开始讨厌你的身体，并且从此之后，你学会了用这种消极评价来对待自己。可能这种消极评价对你来说太熟悉了，你从来没有停下来好好想过它们是不是真的，是不是重要的，是不是有用的。也许你把它们当作鞭打自己的木棒。一次一次强化别人对自己外貌的评价，带来的不幸结果就是，你不再能独立思考，实际上你已经把别人的想法当作自己的了。这些想法反过来又影响了你，你处理不好与食物之间的关系，它们可能影响了你的进食习惯。这个过程很可能类似于：

别人对你外貌的评价（真实的或想象的），或者你对自己的评价

↓

让你觉得自己很差劲、很丑陋、没有价值感，甚至感到恶心，等等

↓

于是你开始告诉自己，你看起来很让人恶心、让人厌恶

↓

这让你感受更糟糕

↓

为了从这些可怕的想法与感受中逃离

↓

你用食物来抚慰自己

↓

无论是暴饮暴食还是暗暗发誓要节食

↓

你的失调性进食变得更严重，你仍然感觉糟糕，自我感觉更差

你需要用成熟、理性的思维方式来控制并挑战这些感受，而不是被这些长久以来的故事和重复性想法所淹没。以下是其他一些可能性：

- 我一点都不在意其他人的想法。
- 我可以接受自己本来的样子。
- 他 / 她有什么权利来评判我？
- 我怎样才能知道他们在想什么呢？
- 我不再需要重复这些老故事了。
- 我不会再因为容貌而忧心忡忡，不会再因此毁了我的生活。

这里推荐一本很棒的书，托马斯·凯士（Thomas Cash）的《身体意象工作坊》（*Body Image Workshop*）。[21] 书中有各种各样的练习可以帮助你改变看待自己的方式，你或许可以在那里面发现更多对你来说有用的东西。

无言的信使

我们把这些想法放在失调性进食这个议题上看看，对你来说你是不是也在使用食物作为工具，而它在你的身体上产生的影响，在无言地向你传递很多信息？我们都知道，那些寻常我们可以理解的情绪，比如焦虑和悲痛，会让我们的进食行为发生改变。那么，你有察觉到这些行为在传达什么其他信息吗？在这本书里，我一直在强调，失调性进食是我们应对那些让我们有失控感的环境和情境的一种方式。一边失控地进食，一边又执念于体重、体形，都是在表达、应对，甚至是逃避。使用你的身体作为保护自己逃避以下事情的工具：性、亲密关系、其他人的需要、变化、成年人的责任。同时，它也在传达：悲痛、痛苦、疼痛、无助。

我想这也是为何很多人不愿意放弃各种失调性进食行为的原因吧。如果没有失调性进食行为，你会如何表达你的痛苦？曾经有一个来访者就是这样和我说的。她从小被父母双方虐待。她说："如果我变好了，不再有进食行为问题，那么所有人都会认为我的童年没有问题，我的父母会假装什么事情都没有发生过。"她的进食障碍在生动地诉说着她的痛苦，可以一直用来责备她的父母。只是这位用身体语言讲故事的女性忘记了一个关键事实就是，这个过程同时也毁掉了她的未来和人生。

> ► **停一停，想一想**

> 如果你的身体会说话，它会说什么呢？你的失调性进食
> 在试图向你传达什么信息呢？

以这样的思维方式去看待失调性进食，就类似于以自伤的方式使用身体作为工具来表达悲痛，所以不难看出失调性进食行为也是自我伤害的一种形式。因此，当务之急是找到一个替代方式来帮助你一起自我探索，去关爱、滋养我们的身体，而不是憎恨、伤害它。这里我推荐阿斯特丽德·朗赫斯特（Astrid

Longhurst）写的一本书《身体的信心》（*Body Confidence*）[31]。阿斯特丽德曾经也苦苦挣扎于她的自我身体意象，但她通过各种努力和修通，终于开始接受并爱上自己的身体。所以对于如何将对自己的厌恶和伤害转变为享受和滋养自己，她很有自己的看法。她还提议"身体的旅行"，让我们建立对身体的信心，不再以自我限制的方式来自我厌恶与伤害。

人生如此短暂，何必把时间花在自我厌恶上，来拒绝真正的自我和自己拥有的身体。当我们一直在担心自己的缺点，而不为自己的长处和能力喝彩的时候，时间就这么一分一秒过去了。我从来没意识到哪一天是如此美妙，因为我总是沉浸在自己的想象里，而想象中的自己是如此地丑陋。我从来没有和生命建立真正的联结，因为我与自己就没有过真正的联结，当你不喜欢自己、否定自己的时候，你会发现全世界都不喜欢你并否定你。我找各种各样的理由不去派对；我一次一次决定要去游泳和骑马，又一次一次临时退缩。在假期里我也避开与朋友结伴出游；在20多岁的时候，我给自己找了很多理由不交男朋友，也没有亲密关系。荒谬的是，这背后是我渴望感受这一切，而这些我为自己做的事情，无不在告诉我："你是没有价值的，你（你的身体）不值得拥有这个世界上美好的东西，你（你的身体）不配得到快乐。"

——阿斯特丽德·朗赫斯特：《身体的信心》（2003）

► **停一停，想一想**

　　试着用这些练习，让你对自己的身体有不一样的看法：

　　·如果你真正爱你的身体，你的生活会有怎样的改变？

　　·它将如何改变你穿衣和自我展示的方式？

　　·它将如何改变你照顾自己的方式？

　　·它将如何改变你的亲密关系和友谊？

男性和失调性进食

过去认为失调性进食这个问题是女性才独有的问题，而最近这些年，这样一种观念在某种程度上已经不适用了。现在的男性也越来越能感受到和女性一样的压力，即管理自己的体重，维持好身材……当然，这些压力也只是许多复杂因素中的一部分，我们可以看到这样一个趋势，越来越多的男性受困于进食问题。

——伊万·吉伦（Ewan Gillon）:《男性的饮食障碍》

（ *Eating Disorders in Men* , 2005 ）[1]

关于美国家庭的人口学研究中……我们发现了有着厌食症和暴食症的男性比例令人惊讶地高（大约占据了进食障碍案例的四分之一）。

——哈德森等（Hudson et al.）:《生物精神病学》

（ *Biological Psychiatry* , 2007）[2]

前 10 章中提到的大部分可能与男性也是相关的（看似说的都是女性）。男性也需要面对从青春期到成年人的转变，或者也有早期经历比较困难或者有过被虐待的经历。过去的依恋模式既适用于女性，也同样适用于男性，就像女性需要学会自我抚慰以及在他人身上找到支持和爱一样，男性同样需要。尽管如此，但男性的失调性进食问题还是存在着一些和女性不一样的特征，有着自己独特的体验和思维方式。在这一章中，我会试着就这一方面来探讨。

我们先来预估一下在男性中进食障碍有多普遍。最简单的答案是，没有人真正知道。比较老的答案是，每 10 个女性来接受治疗，则会有一个男性前来。有大量的证据显示，真正的数量远远不止这些。就像本章开头引用的哈德森等人的讨论那样，在美国，有四分之一的案例可能是男性。我们普遍认为进食障碍就是"女性病"这样的观点，也有着严重嫌疑可能让男性更不容易去寻求治疗，甚至医疗专业人员在识别这些障碍方面都有些困难。随着越来越多的科普宣传，越来越多有着进食障碍的男性来寻求治疗。只要有男性被大众知道他有进食障碍，那么前去治疗的人就会增加。就肥胖来说，在英国的评估与女性中的这个比例基本相等，大约 25%。这其中有多少人是情绪性进食不得而知，但众所周知的是男性肥胖与过度进食和过量饮酒有关。很多肥胖的女性都能识别自己的进食是不是情绪性的，但我不确定这对男性来说是不是也是这样的，毕竟他们难于也很少谈论自己的感受和情感经历。

埃迪的故事

埃迪是一个以和不同制造商签署合同来谋生的咨询工程师。他的工作就是在工厂解决制造过程中出现的问题。这是项艰难的工作，经常需要耗费大量体力与脑力。埃迪很爱这份工作，并且很擅长。在业余时间，他是一个英式橄榄球爱好者，身体强壮有型，并会热情地参与橄榄球俱乐部的赛后庆祝。他的生活中充满激情与力量，他也很受身边橄榄球友的欢迎。

然而，他工作的工厂往往非常危险，尤其是当机器出现故障时。在一次工作中，一个凸起的金属伤到了埃迪的脚背。尽管他穿了靴子，但是金属穿透了靴皮，压伤了他的脚。工厂的紧急医疗团队很担心埃迪的伤口，建议他马上去当地医院的急诊就医，但埃迪坚持完成工作，并在周末回了家。他让医疗队安心，以为伤势不重，如果出现问题他肯定会找医生的。10天后埃迪在工作时感觉到十分不对劲。他正在喝咖啡时一个同事问他是不是喝了酒："埃迪，你看上去很奇怪，是不是喝酒了？"另一个朋友也过来说："对啊，埃迪，你怎么回事儿？身上有什么怪味儿——有点像丙酮？"当埃迪把脚给朋友看的时候，他们都吓坏了，马上打电话叫来救护车。几个小时内埃迪就进入了手术室，他失去了他的脚与腿。

一天内，埃迪的人生就完全以他无法接受的方式改变了。他不再是个体格强壮、充满活力的运动员，他不得不坐在轮椅里生活，也无法再打橄榄球了。他失去了自己的工作和生存的方式——在他工作的行业里没有残疾人的位置。他也面临着未来漫长且痛苦的复健，需要学习使用假肢并尝试重新走路。毫无意外地，埃迪严重地抑郁了。他没有接受心理援助让他与这个绝望的转变和解。埃迪用食物与酒精麻醉自己。他在几个月里增加的体重让他的复健变得更加不可能，因此他不得不被困在轮椅中。

最终，当他变得更胖的时候，他被自己的医生转介至一个减肥项目。这个项目与众不同的地方在于，它要求参与者思考自身超重的原因与意义。埃迪逐渐地在受伤与截肢对自己人生带来的巨大改变，以及他对自己残障的愤怒与失望之间，建立了联结。他开始理解自己通过进食与酗酒来应对这样的改变，而他也需要接纳自身的处境，并找到一种新的方式来生活。他决定最好的方式莫过于帮助其他残障人士来更好地生活，通过不断的培训来让他们能够依靠自己工作。当意识到这些后，他的进食行为也发生了改变。他对必须减肥的厌恶被意识到行动能力的更高价值所取代。他的决心让他从 165 千克减到了 115 千克，正好是他不曾被截肢前的体重。似乎在一段弯路之后，埃迪已经准备好重启被干扰的人生了。现在他说如果当时有一些心理帮助，可能他会恢复得更好一些，但他已经接受了自己的身体，并不再感觉需要用食物与酒精来麻痹自己了。

埃迪的灾难性经历部分来源于他没有及时寻求医疗帮助。众所周知，在英国，男性比女性更少地向医生咨询。[3]他们更少担心自己的身体，因此也更少地接受医疗建议。在初级护理信托基金（Primary Care Trust，PCT）中，我主管的肥胖患者服务中仅有20%转介患者为男性。然而，事实上肥胖的男性与女性在数量上并无差异。因为男性的肥胖大多为内脏性的，其风险比大多在臀腿堆积脂肪的女性要大得多。

埃迪对新境况的无法适应还来源于男性更少接受或者寻求心理援助。我们的文化依然期待男性的强大与不受情绪影响（尽管女性通常也抱怨这点），而很多男性对自己也有着这样的期待。脆弱或者痛苦被看作软弱或者像女性一样——这对男性的自身认同是一种终极的威胁。感受被转化为了行为，而对某些男性来说，则转化为了暴饮暴食。很多女性可以利用朋友或者其他关系来获得情绪支持，比如很多女性会聚在一起谈论自己的情绪体验和感受。男性往往很少有这种情绪支持，尽管有一些男性可能会向自己的伴侣寻求帮助。

> **▶ 停一停，想一想**
>
> ·对你来说，情绪会表现在进食行为上吗？
>
> ·相比你的女性朋友，你是不是不太愿意讨论自己的感受或情绪？
>
> ·说出自己的悲伤或不安，是不是让你觉得自己太脆弱？

男性的身体意象

传统意义上来说，身体意象更多会引发女性身份与内在冲突，而非男性。男性会投入更多在工作与成就上，有时候这些的外在表现就是金钱。因此，男性因节食和对身体的不满而感受到的压力与女性感受到的并不相同。然而，在过去的 20 多年里，这种情况已有所改变。这样的改变似乎发生在两个方向，并受到了媒体中的性别形象的影响。其一是媒体中青少年身体形象的表现——瘦弱、缺乏肌肉和柔弱的外表，就像是有些人熟知的"海洛因时尚"*。其二，则是肌肉健美的流行，这样的时尚通常意味着上身肌肉过度锻炼和明显的六块腹肌。第一组形象通常见于奢侈品广告，但第二种逐渐飞快地扩散向不同领域，包括流行杂志如《男性健康》等。这也体现在男孩玩具的人偶形态上等。就像芭比娃娃向女孩展现的是结合了一系列扭曲女性形体特征的人偶，机动人（Action Man）给男孩展示的也同样如此。[4] 相比异性恋男性，同性恋男性更容易因群体的文化而更关注自己的身体，并因此产生对身体的不满意。大约 20% 的男性进食障碍患者是同性恋。[5]

正如进食障碍患者的类似分类，男性似乎有着自己特别的障碍分类，可能由媒体所影响，这种分类名为肌肉体相障碍、肌肉

---

* "海洛因时尚"（heroin chic）是 20 世纪 90 年代开始流行的一种时尚风格，主要引自"瘾君子"特征，皮肤惨白、身形瘦弱、性别特征弱化，在流行的同时饱受争议。——译者注

成瘾症或倒置厌食症。在这种情况下，一个男性希望自己有更多的肌肉，但感觉自己的身材永远不够壮。这可能会导致过度锻炼、降低脂肪与碳水化合物的摄入、增加蛋白质的摄入和偶见的蛋白质添加剂或代谢类类固醇的摄入等。[6]

就像女性的体相问题常出现在模特、舞蹈、体操等行业，男性也常在一些特定行业中出现这些问题。有报告显示，在摔跤与竞技自行车等男性运动员中常出现进食障碍患者。有可能那些把身体形态看得很重的人更倾向于选择这些活动。

► **停一停，想一想**

大众媒体上宣传的男性形象对你来说有什么影响吗？你会不会拿自己去对比？

然而，比起女性，男性往往更喜欢运动，无论是作为观众还是作为参与者。可能这是因为运动提供了男性看重的竞争与成功。在运动中的成功给予了男性自尊与自我认同的提升，这与外表给予女性的社会认同并无区别。对于大多数男性来说，参与运动并不会引起什么问题，但是当运动是为了补偿生活其他部分所带来的焦虑时，这可能就意味着一切有些太过了。

詹姆斯的故事

詹姆斯是一个喜欢玩板球的 15 岁男孩。他从小时候起就开始喜欢板球了，上学后一直在校队打比赛并且逐渐有了属于自己的位置，他也为郡少年队和当地板球俱乐部的少年队打比赛。从某种意义上来说，板球补偿了詹姆斯因为父亲患癌症而感到的痛苦。他的母亲对丈夫身患癌症的诊断感到不安，因此詹姆斯尽自己所能来安慰她，并将自己的感受放在一边。当詹姆斯的父亲病得越来越重时，他就越来越关注板球比赛。练习和比赛的时候，他可以忘记家里的事情。教练随口的一句"瘦掉几磅对你比赛更有利一些"让他开始了节食和减重。他在四个月里瘦掉了半英石，而他还在发育期。教练的积极评价更坚定了他节食的决心，并因此坚持施行了更严格的节食计划。这个故事很可能会有一个糟糕的结局，但幸运的是学校知道了詹姆斯父亲的病情。保健室的医生注意到了詹姆斯体重的减轻、课堂上注意力的分散，还有他流露出的不快乐。他的家教已经赢得了詹姆斯的信任与喜爱，因此让詹姆斯谈谈最近生活中发生了什么并不是件难事。实际上，家教自己就是一个板球粉丝，这让他们关系的建立变得格外容易。詹姆斯开始能够倾诉对父亲与母亲的绝望焦虑，还有自己对未来的恐惧。当詹姆斯开始允许自己更加意识到自己的感受时，家教开始鼓励他尝试与自己的父母进行交流。然后他发现，原来父母对自己的状态感到担忧，他对板球与减重的执念让他们感到无助。一家三口变得更亲密，并重新开始交流。他们能够开始谈论父亲的癌症，甚至有勇气去思考他死亡的可能。詹姆斯的母亲意识到她需要在家庭外寻求恰当的帮助，从而能够更好地支持詹姆斯。在八个月里，詹姆斯的体重回到了正常水平，那些因为他的奇怪行为而疏离的朋友又重新回到了他的身边。他一开始很担心自己是否可以重新开始打板球，但是教练很希望他回到球队，并且这次打定主意要时刻关注他的健康。

超重的男孩会受到同辈的羞辱与欺凌。大多数会因为担心出现更糟糕的情况而尝试保持一种幽默的假象，但之后却因此陷入沉重的耻辱感中。这种行为的滥用对于自尊有着破坏性的打击，并让人开始憎恨自己。它通常会侵蚀让人能够正常发展亲密关系、接受训练与教育的自信。

> ▶ **停一停，想一想**
>
> 　　在詹姆斯的故事中，你看到了强迫和完美主义吗？回想一下，这些特质是什么时候开始变得明显的？你可以看到是什么引发了你的关注吗？对你来说，这是不是面对生活事件的一种应对机制呢？

马特的故事

马特是一位单身母亲的独生子。他的母亲必须养家糊口，这也意味着马特常常自己一个人在家，看电视或打游戏来消磨时间。他用母亲准备的零食慢慢地熬过他的孤独，直到母亲下班回家。10 岁的时候马特已经明显超重，并开始在学校里被人耻笑。

这些耻笑让他开始不愿意与同学一起踢足球或者和其他朋友一起骑自行车。离开相对单纯的小学后，他对各种活动的排斥在进入中学后变得更加严重。他不断被其他男孩欺负、取绰号、讽刺他跑得永远没有其他人快。他们最喜欢的游戏就是拿起马特的书包就跑，然后扔在他很难拿到的地方。那些必修的体育课和游戏课对他来说就是一种折磨。体育老师似乎完全不知道该如何以适合他体重的方式来进行教学。

初二的时候，马特已经开始旷课。他在学校的时间越少，就越难回到学校。有一段时间他在一个因各种原因失学，无法继续在主流教育中学习的少年项目中表现得还不错，至少那些老师能够包容所有学生的不同。但是，马特离学校越来越远。15岁的时候，他已经几乎不在学校了，而学校的老师似乎也已经放弃了他。尽管他有着极度的低自尊，但在母亲的督促下，马特在一个仓库找到了一份工作。赚钱让他感觉好些，尽管同事有时候会拿他开玩笑，但不再有学校里感受到的那种恶意。一个有远见的经理鼓励他参加叉车司机的培训，这让他逐渐建立起了规律的生活。然而，他的肥胖依然显著地限制了他的社交与情绪发展。他依然与母亲住在一起，也从未有过亲密关系或性关系。他意识到他继续在用进食来补偿自己感受到的挫败与失望，并因此依然为自己的体形而感到沉重的羞耻感。

男性进食行为的改变通常因为文化原因变得格外困难。在家庭中食物的选择通常由女性决定，男性通常会因为自己想要改变进食行为而感到尴尬。毕竟，很多人认为真正的男人不会吃乳蛋饼，甚至更少吃沙拉。

> ▶ **停一停，想一想**
>
> 　　从这个故事中，你有觉察到什么吗？你认同哪些？你认为自己可以比故事主角做得好吗？你是如何办到的？你认为，是什么导致马特用食物来自我慰藉，而不是寻求陪伴和宽慰？

史蒂夫的故事

　　史蒂夫经历过一次轻微的心脏病发作，而他的医学顾问告诉他，除非他改变自己的饮食并且减肥，不然两年内会因为更严重的心脏病再来医院。他被转介至一个心脏康复的项目，三个月里他被邀请每周参与一次膳食健康讲座，讲座学员里有男有女，然后参加半个小时的锻炼。史蒂夫对这些治疗深恶痛绝，如果不是他的妻子强压着他参加，他肯定就半途退出了。用他的话说就是，感觉自己被这种要求"像女人一样进食"的指令侮辱了。锻炼也让人极其尴尬，因为史蒂夫十分肥胖，行动不协调，他觉得自己在课上就像是个傻子。整个过程似乎都在破坏他的男性尊严。那些吃更多水果与蔬菜的建议让他感觉自己在被人命令去吃"女人的食物"。每周的称重也像是女性的活动。他坚持了两个月，然后就固执己见，不肯再去参加了。不幸的是，他从来没有机会去表达拒绝参与康复项目的真正原因；他成为了另一个如马特般的退学者，无法真正认识到什么对他来说是最好的。

然而，史蒂夫在课上听到的一句话让他有所改变。那个"女孩"要求学员去思考他们正在用自己的进食行为给孩子做出什么样的榜样。史蒂夫有个 10 岁的儿子，名字叫杰克，他们都很喜欢足球和汽车。这些兴趣在过去是以一起看电视的方式实现的，而史蒂夫开始意识到他正在教授儿子不可避免地变得肥胖的习惯。同时，他也注意到儿子声称喜欢爸爸喜欢的食物：香肠、猪肉派、培根和鸡蛋三明治。史蒂夫开始为儿子正在学习的东西负起责任。慢慢地，为了儿子，他开始改善饮食并开始运动。他会在公园里踢球，发现香蕉和橘子实际上挺好吃的，吃起来也挺容易。他还是不喜欢沙拉，但他让杰克逐渐远离了炸鱼薯条，让周六晚上变成男孩（史蒂夫和杰克）做饭给女孩吃的固定节目，当然，不许出现薯条。

▶ **停一停，想一想**

· 你是否能够以一种符合男性身份的方式来讨论吃东西这件事？

· 如果你正在计划一个帮助你改变的项目，那可能是怎么样的？

· 在一个群体中，你会如何特别地去处理男性的需求？

· 怎样可以增强你的自尊与男性尊严？

· 加入一些竞争元素是否会有所帮助？

· 你是否能够将这些应用到自己身上或者自己想要改变的事情上呢？[7]

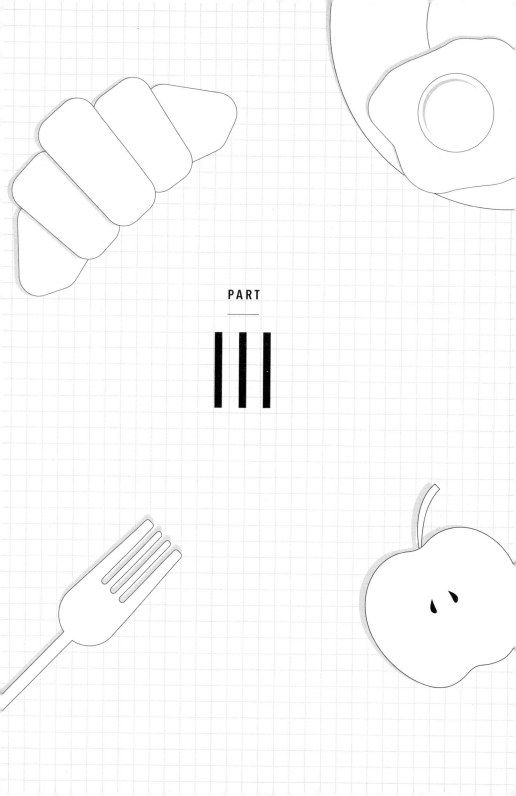

PART

III

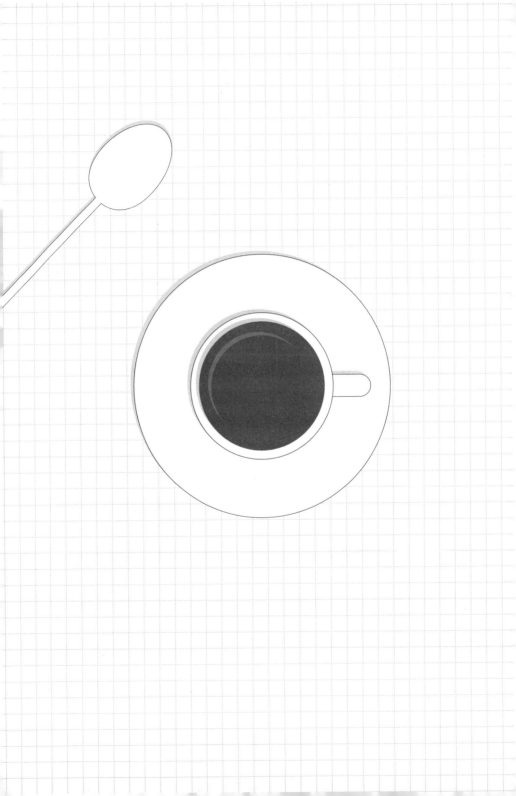

资源

寻找专业帮助

处理心理问题的专家各种各样。大多数为失调性进食寻求帮助之路通常开始于他们的全科医生，但这些全科医生不太可能有关于这个议题的专业知识，需要在评估你的状况之后将你转介给其他专家。很大可能你的全科医生会尝试在一段时间内评估你的状况的严重程度。通常接下来他们会建议你先去找饮食专家或营养学家。如果这种方式被证明无用，或者你的全科医生觉得你的状态从根本上来说是心理层面的，你可能会被推荐到内部但无这方面专业的咨询机构。一些咨询师对于进食障碍有着比较多的了解，而很多其实并没有，你很可能接下来会接受六次以内的咨询。如果你需要更多的帮助，则需要再回到你的全科医生那里，请他帮你转介到这方面的专业人士那儿。这个过程可能会比较困难且缓慢。全科医生经常会推荐你去社区精神卫生服务机构做个评估，这时候关于诊断的问题就会引发争论了。如果你没有被诊断为进食障碍或者医生认为你的情况没有特别糟糕，则通常由社区的精神卫生工作者为你提供支持，而不会把你转介到其他专业机构，但社区的这些精神卫生工作者们可能没有关于进食障碍的专业知识。如果你被转介到一个专业机构，可能你又会发现需要等上好久才能预约上。而且接下来你将又要面临被评估，如果评估结果认为你不满足临床标准的进食障碍诊断或者你的状况没有那么糟糕，你也不会得到相关的治疗。如果你的状况真的很糟，特别是厌食症，你可能会被转介到医院的专科让精神科医生来看看。精神科医生在处理心理状态上，基本是以药物管理的方式来受训的。虽然有时候他们也会有些其他治疗培训，但不是所有的医生都是这样。进食障碍方向的精神科医生有着大量和这类人群打交道的经验，通常也会负责门诊病人的全面治疗方案的管理，只有极少数的情况会住院治疗。

这会是一段艰难且让人绝望的旅程。B-eat 作为英国进食障碍慈善机构，已经多次提出并游说应该改进针对进食障碍者的服务。其中，"邮编彩票"（post code lottery）在英国某些地区提供的服务比其他地方的要好得多。

如果你觉得自己需要厘清失调性进食背后的心理问题，你可以直接在各大心理咨询机构的网站上寻求咨询。网站上通常会有治疗师的受训经历、理论取向的介绍，并会说明他是否足够胜任进食障碍者的咨询和治疗工作。其中也列出了免费或低价的机构（根据区域搜索）。其中一个非常重要的信息来源是英国心理咨询与治疗协会（British Association of Counselling and Psychotherapy），它也是目前为止最大的治疗学会：www.bacp.co.uk。协会有着比较严格成熟的鉴定体系，让你可以找到更有经验的治疗师，同时也列举了常见问题，可以帮助你尽快找到合适的治疗师。

"心理咨询黄页"（Counseling Directory）也是一个值得信赖的网站：www.counseling-directory.org.uk。

鉴定合格的认知行为治疗师可以在 http://cbtregisteruk.com 里找到。

在选择任何一位治疗师的过程中，始终要记得你是一个消费者。很多关于咨询效果的研究都已说明，和咨询师的关系是最能影响咨询效果的因素之一（另一个重要影响因素是，你是否准备好迎接你的困难）。你需要感受到你会喜欢并信任这个人。很多研究者认为，这些因素比治疗师的理论取向更为重要。一些研究也显示，实践中，无论他们给自己贴了怎样的标签，成功的治疗师都会与来访者建立温暖、友善的咨询关系，并会在治疗过程中整合各种策略。

非专业助人者的指南

如果你愿意在其他人想通过本书来对自己的失调性进食进行工作的过程中，承担陪伴或者伙伴的角色，在正式投入之前，你首先需要清楚了解这个角色意味着什么。

让我们从"哪些不是你"开始

无论从医学还是心理学的角度，你都不是失调性进食的专家。你需要清晰地认知自己能力的局限性，以及如果你感觉超越了自己的能力范围，就需要转介给其他人——比如全科医生或者咨询机构。你也需要和你的"客户"在以下方面达成共识，方便起见我会叫她珀莉：比如你觉得她说的东西给你带来了比较大的困扰，或者你非常担心她的情绪和身体状况，她同意去寻求其他的额外帮助。

你应该给建议吗？

不要。你的任务是帮助珀莉找到她自己的好建议。其实受困于失调性进食的人完全清楚，对她来说，哪些食物是好的。如果她有时间、空间和关心她的听众（你）可以帮她一起解决这些问题，对于她人生的其他方面来说，可能她也有着清晰的想法。然而，珀莉对自己的判断完全没有信心，并且她的自尊低到令人吃惊，她完全不相信她可以解决这个问题。但其实，她可以的。

你应该谈论你自己和你的进食习惯吗？

最好不要。你创造的空间是提供给珀莉的，尽管她可能会问你关于你的情况，但很可能是因为她在担心自己无法承担这些。她可能会发现相比起谈论自己，来听听你怎么说会更容易，但是你们见面的意义在于她可以反思在这本书上投射出的进展过程。

你应该发问吗？

通常来说，不要，不过提问有时候可以帮助打开话题，比如："那时候发生了什么？""当他那样说的时候，你感受如何？""你觉得她是什么意思？"你的这些问题可以让珀莉说更多，也可以让她有更深入的思考。但需要避免开启新话题或者追问过多的细节。让珀莉自己来决定谈话的去向。

我们应该定期见面吗？

如果你已经决定了用本书的方式来继续你的工作，那么定期的见面会比较好。一般不超过一个星期一次，但间隔时间也不要太长，因为那样可能会失去很多谈话的契机。这个话题最好在比较早的时候就开始讨论，这样双方从一开始就知道自己要做些什么。你们需要就会面持续多长的时间达成一致。假设你只有 15 分钟，如果提前约定好的话，这样的短时间会面也不是什么大问题，只是没有足够的时间来讨论细节。比较难的议题和记忆，也需要更多的时间来讨论，当然时间也不是越长越好，通常来说，每次会面以一个小时为佳。你们还需要约定下次会面将讨论什么话题，这样你们双方就可以阅读本书的相关内容并进行讨论了。

我们应该在什么地方见面？

见面的地方最好在比较私密的场所，并且让人感觉公正中性、不偏不倚；需要比较安静，不会被打扰；需要让你们双方都觉得安全。

更多阅读

约翰·麦克劳德（John McLeod）在 2007 年由开放大学出版社（Open University Press）出版的《咨询技巧》（*Counselling Skill*）是一本不错的参考读物，对于那些需要扮演咨询角色的专业人士（教师、护士、社工、律师等）尤是。书中详细提出了麦克劳德所谓的"嵌入式咨询"的有效性。

进食障碍的诊断

诊断标准有两个版本，其中一个版本是 DSM-4（当然现在是 DSM-5）。美国心理学会（APA）以此作为所有情绪状态和精神问题的诊断教科书。另一个版本是与世界卫生组织（WHO）同等的 ICD-10。英国采用的是 DSM，但不管怎样，两个诊断手册关于进食障碍的定义极其相似。

有几个网站提供了这些定义：

· http://www.b-eat.co.uk/ 是进食障碍协会（B-eat）的网站，它是英国处理这方面问题最大的慈善机构。

· http://www.medic.ca/ 上的信息非常清晰。

· http://www.nationaleatingdisorders.org/ 是一个很棒的网站。

失调性进食的治疗

英国国家卫生与临床优化研究所（NICE）作为政府机构，

有责任评估治疗的医疗条件。其结果会周期性更新，并作为指南公布。它的报告可见于 http://www.nice.org.uk，既提供下载，又可购买纸质版。报告有详版和简版，一些报告的读者对象是卫生专家，另一些则是公众。进食障碍的主要报告是《治疗和管理神经性厌食症、贪食症和相关进食障碍的核心干预》（*Core Interventions in the Treatment and Management of Anorexia Nervosa, Bulimia Nervosa and Related Eating Disorders*, 2004）。

相应地，肥胖症的指南是《肥胖：儿童和成人超重和肥胖的预防、鉴定、评估和管理》（*Obesity: The Prevention, Identification, Assessment and Management of Overweight and Obesity in Adults and Children*, 2006），在肥胖症的发展中，它对心理问题的关注度最低（即使有大量有关该主题的文献）。

指南的发展参考了已发表的治疗研究，依据"证据等级"公式，其按照具体惯例展开研究。存在争议的是，这些惯例是否适用于心理状况。然而，用这种方式进行研究的认知行为疗法（CBT）治疗师的人数远高于其他治疗方式的治疗师。并不意外，NICE 指南确定了 CBT 作为治疗各类进食障碍的最佳方法（尽管，在厌食症治疗的指南中，建议使用家庭疗法的案例并不多）。包括我在内的许多治疗师很少将 CBT 作为唯一适用的治疗方法。认知治疗并不关心进食障碍最初发展的原因，它只关注改变患者当下的思维模式和行为。当然，这是患者恢复的关键因素；没有任何一例的恢复与之无关。此外，很明显，思维管理情绪。然而，很多受进食障碍困扰的人想要知道自己的进食障碍来自何处，他们想要叙述自己的故事，探索自己的感受。CBT 也依据患者／来访者识别情绪和想法与其进食行为／体相关系的能力，即使不是所有人都如此，但至少最初的时候，是准备这么做的。

我更喜欢的是多元方法，例如库珀（Cooper）和麦克劳德（2010）在《多元化心理咨询和心理治疗》（*Pluralistic Counselling and Psychotherapy*）中所述的方法，需要考虑来访者的准备、能力和工作方式，多种方法联合使用。我想自由地探索其感受、想法、记忆、幻想、梦、故事、希望或恐惧——任何对来访者而言重要的内容。在治疗界，有关这一话题的讨论非常激烈，因此你需要在认真思考哪种治疗方式是最适合你的后，再做出承诺。你也需要思考如何和各种流派的治疗师（如前所述的各类咨询师）进行工作。接下来的内容阐述了适用这些方法和书籍的范围。

认知行为疗法（CBT）

英国发展进食障碍 CBT 治疗的主要研究团队由牛津大学的克里斯托弗·费尔伯恩（Christopher Fairburn）教授带领。他是经验丰富的杰出研究者。阐述其研究的新书叫做《认知行为疗法在进食障碍的应用》（*Cognitive Behavior Therapy for Eating Disorders*，2008）。这本书为来访者而写，通俗易懂。他的主要思想是所有的进食障碍都可以通过"对体重和外形的高估及他们的控制"区分（Fairburn，2008，12）。这本书着手改变来访者的这种思维方式，并提供施行其方法的指南。正如你会看到的，这与此书所采用的思维方式完全不相同。

费尔伯恩还写过一本心理自助书《克服暴食》(*Overcoming Binge Eating*，1995)。这本书同样关注于如何改变关于进食的思维和行为，并提供了如何实施的流程。

另一本借助 CBT 方法的心理自助书是彼得·库珀 (Peter Cooper) 所著的《神经性贪食症与暴食：使用认知行为技能的自助指南》(*Bulimia Nervosa and Binge Eating: A Self-help Guide Using Cognitive Behavioural Techniques*，2009)。

焦点解决治疗

问题解决（即事情变得很糟糕的时候，你会怎么做）是认知行为疗法很重要的一部分，但是用这样的方式本身就是一种治疗。一本相关的重要书籍是弗雷德里克·雅各布 (Frederike Jacob) 在 2001 年出版的《进食障碍的焦点解决康复》(*Solution Focused Recovery from Eating Distress*)，本书并没有着重介绍你是如何产生失调性进食问题的，但提供了很多有用的康复策略。你可以在互联网上找到作者，联系作者来获取这本书的信息。

沟通分析 (Transactional Analysis，TA)

埃里克·伯恩 (Eric Berne) 于 20 世纪 60 年代发展并创立了沟通分析理论，后由托马斯·哈里斯 (Thomas Harris) 在《我好，你好》(*I'm OK-You're OK*) 一书中加以推广。沟通分析理论是一种治疗方式，它在认知方法和追寻意义的更多治疗方法中建起了桥梁。而根据我的经验，相比于 CBT，它更易于来访者理解和实践。同样，它包括倾听与自己的对话，但这种对话以三种声音为主——父母、成人和孩子。我有很多来访者已经可以识别关键家长的声音和不安 / 愤怒的孩子的声音，并且已经开始去寻找成熟的、理性的、让人感到抚慰的声音。并没有一本具体介绍 TA 在进食障碍治疗中应用的书籍，而凯茜·利奇（Kathy Leach）的《超重患者：以心理学的方法理解和应对肥胖》（*The Overweight Patient: A Psychological Approach to Understanding and Working with Obesity*）可以帮助你了解 TA 如何应用于进食障碍。这本书虽然是写给咨询师的，但同样适合来访者阅读。不管怎样，我认为《我好，你好》这本书值得一读，它可以帮助读者意识到自己内在的对话。

家庭治疗

最近几年开始很关注家庭如何回应进食障碍，特别是厌食症（不过很少关注家庭是如何造成进食障碍的）。很大一部分这方面的工作在伦敦南区的莫斯利（Maudsley）医院进行，珍妮特·特雷热（Janet Treasure）等人在 2007 年出版了一本对于家庭来说很有实践性的书：《学习如何去照顾有进食障碍的家人：莫斯利的新方法》（*Skills Based Learning for Caring for a Loved One with an Eating Disorder: The New Maudsley Method*）。

詹姆斯·洛克（James Lock）等人在 2002 年时对同样一批人进行了更多技术性描述：《神经性厌食症的治疗手册：基

于家庭的方法》(*Treatment Manual for Anorexia Nervosa: A Family-based Approach*)。

艺术治疗

识别以及探讨本书中提到的感受其实很有难度，这就有了艺术治疗在失调性进食中的应用。琳恩·霍尼亚克（Lynne Hornyak）和艾伦·贝克（Ellen Baker）在1989年出版的《进食障碍的体验性治疗》(*Experiential Therapies for Eating Disorders*)就是一本虽然有点老但是很有价值的书。书中有许多的案例，介绍了艺术治疗如何促进情绪表达并让反思有可行性。

这方面还可参见迪蒂·多克特（Ditty Dokter）在1994年出版的《艺术治疗与有进食障碍的来访者们》(*Arts Therapies and Clients with Eating Disorders*)。

在《艺术治疗与进食障碍：自我作为有意义的形式》(*Art Therapy and Eating Disorders: The Self as Significant Form*, 2003）中，穆里·拉宾（Mury Rabin）着重强调了要促进更好的自我体象以及自我感的发展。

整合疗法

到目前为止，你可能已经发现我会考虑一种整合多种方式以达成治疗失调性进食的疗法才是最有用的。凯瑟琳·泽布（Kathryn Zerbe）写作了《进食障碍的整合治疗：超越背叛的身体》(*Integrated Treatment of Eating Disorders: Beyond the Body Betrayed*, 2008）来介绍这个疗法。虽然这又是一本写给专业人士的书，但可读性很强。

另外还有一本可读性很强的书——玛莉·皮弗（Mary Pipher）1995年出版的《拯救奥菲利娅：解救青春期女孩的自我》（*Reviving Ophelia：Saving the Selves of Adolescent Girls*），也介绍了类似的整合疗法，但不仅仅关于失调性进食，更关于年轻女性的情绪成长。它和本书里讨论的所有问题都很相关。

米勒（Miller）和米兹（Mizes）（2000）在《进食障碍的比较治疗》（*Comparative Treatments of Eating Disorders*）中对比了进食障碍的各种不同治疗方式。可能会有些过时，但在不同治疗方式差异的概念化上做得特别清晰，也强调了整合疗法的发展。

理解你的进食：针对情绪性进食者的课程

如果你觉得本书有用，或者你渐渐意识到，你的进食可能（至少部分）由你的感受驱动，你可能会发现本书提供的课程有帮助。看看下列的描述，如果你感兴趣，可以查看以下网址：www.understandingyoureating.co.uk。

项目是由赫特福德大学的茱莉亚·巴克罗伊（Julia Buckroyd）教授发起的研究，现在已经发展成一个商业项目，为那些意识到自己因为情绪问题而过度进食或强迫性进食的人们提供公开的资源。项目基于的前提假设是，大多数超重的人或者因失调性进食而苦恼的人都知道他们应该要做些什么，所以它并不提供节食或者健身的建议和产品。问题在于怎么去做，以及未来还能持续地做。项目基于的文献以及干预的早期形式可参见巴克罗伊和罗瑟（Rother）在 2007 年出版的《肥胖女人的治疗性小组》（*Therapeutic Groups for Obese Women*）。

项目包含三个部分。第一部分是关于项目的介绍，包含了每周开展的五次研讨，每次 1.5 小时，在线也可以参加。研讨的主题如下：

- 研讨 1：进食不仅仅是饥饿；
- 研讨 2：为管理情绪的进食；
- 研讨 3：自尊以及自尊如何帮助你更好地照顾自己；
- 研讨 4：改善身体尊严；
- 研讨 5：帮你度过一天的不是食物，而是人。

项目的第二部分包含了九个自成体系的模块，持续四周，每周的研讨持续 1.5 小时，在线也可以参加。参与者可以根据自己的需要选择相应的模块来参加，比第一部分研讨的材料要更深入一些，以下是这部分的主题：

- 情感性进食；
- 感受和想法；
- 动机和赋能；
- 食物监测；
- 活动；
- 自我养育；
- 关系；

・自尊；

・身体尊严。

项目的第三部分通过邮件或电话为已经（至少）参加过项目第一部分的人提供支持。

项目的前两部分是在团体内展开的。介绍部分的参加人数不超过 12 个人，模块部分的参加人数不超过 10 个人。目前，支持打包提供给个人，但是也有计划发展成在线支持小组。

项目从 2007 年 10 月到 2008 年 7 月之间在赫特福德大学进行推广前的试点，从 2008 年 8 月开始，陆陆续续在英国各地发展成商业项目。在 http://www.understandingyoureating.co.uk 上可以得到更多详细信息，或者联系茱莉亚·巴克罗伊教授：julia@juliabuckroyd.co.uk。

注 释

前言

[1] 如果你想了解我的其他著作与论文，可以参见我的个人网站：http://www.juliabuckroyd.co.uk。

[2] 这里有许多关于依恋的文献。以下列出部分仅供参考：

Bowlby, J. (2000a) *Attachment.* London, Basic Books.

Bowlby, J. (2000b) *Separation.* London, Basic Books.

Bowlby, J. (2000c) *Loss.* London, Basic Books. 这些是关于依恋的重点读物。读一本好书，为之后的学习与思考做重要准备。

Bowlby, J. (2005) *The Making and Breaking of Affectional Bonds.* London, Routledge. 如果阅读以上三卷书让你感到困难，你可以先阅读这篇短评。

Gerhardt, S. (2004) *Why Love Matters: How Affection Shapes a Baby's Brain.* Hove UK, Brunner Routledge. 这本书对依恋理论和婴儿发展做了简单介绍。作者将此书描述为艾伦·肖尔研究成果的易读版本。这是神经科学方面一本很有用的好书。

Schore, A.N. (2003) *Affect Regulation and the Repair of Self.* New York, Norton. 我认为，肖尔是研究依恋对情绪障碍影响的专家。不过，这本书较难理解。如果你有充足的相关背景知识，将有助于你理解此书。

Sroufe, L.A. (1995) *Emotional Development: The Organization of Emotional Life in the Early Years.* Cambridge, Cambridge University Press. 此书对婴儿发展有很好的见解。

Stern, D.N. (2000) *The Interpersonal World of the Infant.* New York, Basic Books. 本书介绍了母亲如何与孩子建立关系。

引言

[1] American Psychiatric Association (APA) (2000) *Diagnostic and Statistical Manual of Mental Disorders DSM-IV-TRs,* 4th edn revised. Washington, DC, APA. 这本手册广泛用于心理和情绪问题的诊断。在美国和英国，个体根据 DSM 的标准得到诊断，就需要接受治疗。新版本于 2013 年问世。

[2] Fairburn, C.G. and Bohn, K. (2005) Eating Disorder NOS (EDNOS): an example of the troublesome category 'not otherwise specified' (NOS) category in DSM-IV. *Behaviour Research and Therapy,* 43(6) 691–670.

Fairburn, C.G., Cooper, Z., Bohn, K., O'Connor, M., Doll, H.

A. and Palmer, R.L. (2007) The severity and status of Eating Disorder NOS; Implications for DSM V, *Behaviour Research and Therapy,* 45(8), 1705–1715.

Milos, G., Spindler, A., Schnyder, U. and Fairburn, C.G. (2005) Instability of eating disorder diagnoses: prospective study. *British Journal of Psychiatry*, 187, 573–578.

第1章

[1] 网络上有大量进食障碍相关信息的资源。试试http:// www.patient.co.uk/about.asp。也可参见http://www.iotf. org/database/index.asp。这两个网站给出了按区域划分 的百分比。卫生部门的网址是http://www.dh.gov.uk/en/ Publichealth/Obesity/index.htm。

[2] B-eat(进食障碍协会,是英国进食障碍方面的主要慈 善机构)网站拥有丰富的信息: http://www.b-eat.co.uk/ ProfessionalStudentResources/Student information-1/ SomeStatistics。

[3] http://www.nhs.uk/Conditions/Binge-eating/Pages/ Diagnosis. aspx是一个有助于了解"暴饮暴食"相关信息 的网站。

Chua, J.L., Touyz, S. and Hill, A.J. (2004) Negative

mood-induced overeating in obese binge eaters: an experimental study. *International Journal of Obesity and Related Metabolic Disorders,* 28:4, 606–610.

Freeman, L.M. and Gil, K.M. (2004) Daily stress, coping and dietary restraint in binge eating. *International Journal of Eating Disorders*, 36, 204–212.

Gluck, M. E., Geliebter, A. and Lorence, M. (2004) Cortisol stress response is positively correlated with central obesity in obese women with binge eating disorder (BED) before and after cognitive-behavioral treatment. *Annals of the New York Academy of Sciences,* 1032, 202–207.

Linde, J.A., Jeffrey, R.W., Levy, R.L., Sherwood, N.E., Utter, J., Pronk, N.P. and Boyle, R.G. (2004) Binge eating disorder, weight control self-efficacy, and depression in overweight men and women. *International Journal of Obesity and Related Metabolic Disorders,* 28:3, 418–425.

Yanovski, S.Z. (2003) Binge eating disorder and obesity in 2003: Could treating an eating disorder have a positive effect on the obesity epidemic? *International Journal of Eating Disorders,* 34, S117–S120.

[4] Devlin, B., Bacanu, S.-A., Klump, K.L., Bulik, C.M., Fichter, M.M., Halmi, K.A., Kaplan, A.S., Strober, M., Treasure, J.,

Woodside, D.B., Berrettini, W.H. and Kaye, W.H. (2002) Linkage analysis of anorexia nervosa incorporating behavioral covariates. *Human Molecular Genetics,* 11(6), 689–696. 虽然这篇文章的标题看起来很专业，但实际上它的内容很有趣，它也是研究者尝试调研这个主题的一个实例。

［5］ Barness, L.A., Opitz, J.M. and Gilbert-Barness, E. (2007) Genetic, molecular and environmental aspects of obesity. *American Journal of Medical Genetics,* 143A(24), 3016–3034. Bell, C.G., Walley, A.J. and Froguel, P. (2005) The genetics of human obesity. *Nature Reviews,* 6, 221–234.

［6］ 例如，参见 http://www.hiddenlives.org.uk/articles/ovetty.html。我的母亲称在 18 世纪 20 年代和 30 年代，英国东西部曾有人因饥荒而死亡。

［7］ 例如，参见这一网站，它介绍了为了化妆品而浪费了水果作物的事件：http://www.foe.co.uk/resource/briefings/supermarket_british_fruit.pdf。

［8］ 例如，参见这篇报告：http://news.bbc.co.uk/1/hi/uk/7389351.stm。

［9］ Logue, A.W. (2004) *The Psychology of Eating and Drinking.* New York, Brunner-Routledge.

Ogden, J. (2003). *The Psychology of Eating.* Oxford, Blackwell.

［10］ 有一本书我很推荐，它涵盖了婴儿相关的所有主题，以及

它们需要养育者为它们提供什么：Gerhardt, S. (2004) *Why Love Matters*. London, Routledge。

[11] Gilbert, P. (2009) *The Compassionate Mind: A New Approach to Life's Challenges*. New York, New Harbinger.

[12] 这是有关依恋研究的信息，这项研究参见前言中的注释 [2]。

[13] 这些参考文献只是本议题大量文献研究中的一部分。

Felitti, V.J. (1991) Long-term medical consequences of incest, rape and molestation. *Southern Medical Journal,* 84(3), 328–331.

Felitti, V. J. (1993) Childhood sexual abuse, depression and family dysfunction in adult obese patients: a case control study. *Southern Medical Journal*, 86(7), 732–736.

Felitti, V.J., Anda, R.F., Nordenberg, D., Williamson, D.F., Spitz, A.M., Edwards, V., Koss, M.P. and Marks, J.S. (1998) Relationship of childhood abuse and household dysfunction to many of the leading causes of death in adults. *American Journal of Preventive Medicine,* 14, 245–258.

Frothingham, T.E., Hobbs, C. J., Wynne, J.M., Yee, L., Goyal, A. and Wadsworth, D. J. (2000) Follow-up study eight years after diagnosis of sexual abuse. *Archives of Disease in Childhood,* 83, 132–134.

Goodspeed Grant, P. and Boersma, H. (2005) Making sense of being fat: a hermeneutic analysis of adults' explanations for obesity. *Counselling and Psychotherapy Research*, 5(3), 212–220.

Grilo, C.M. and Masheb, R.M. (2001) Childhood psychological, physical and sexual maltreatment in outpatients with binge eating disorder: frequency and associations with gender, obesity and eating-related psychopathology. *Obesity Research*, 9, 320–325.

Grilo, C.M., Masheb, R.M., Brody, M., Toth, C., Burke-Martindale, C. and Rothschild, B. (2005) Childhood maltreatment in extremely obese male and female bariatric surgery candidates. *Obesity Research*, 13(1), 123–130.

Gustafson, T.B. and Sarwer, D.B. (2004) Childhood sexual abuse and obesity. *Obesity Reviews*, 5, 129–135.

Jia, H., Li, J.Z., Leserman, J., Hu, Y. and Drossman, D. (2004) Relationship of abuse history and other risk factors with obesity among female gastrointestinal patients. *Digestive Diseases and Sciences*, 49(5), 872–877.

Kendall-Tackett, K. (2002) The health effects of childhood abuse: four pathways by which abuse can influence health. *Child Abuse and Neglect*, 6(7), 715–730.

注 释

Kent, A., Waller, G. and Dagnan, D. (1999) A greater role of emotional than physical or sexual abuse in predicting disordered eating attitudes: the role of mediating variables. *International Journal of Eating Disorders,* 25(2), 159–167.

Sickel, A.E., Noll, J.G., Moore, P. J., Putnam, F.W. and Trickett, P.K. (2002) The long-term physical health and healthcare utilization of women who were sexually abused as children. *Journal of Health Psychology,* 7(5), 583–597.

Smolak, L. and Murnen, S.K. (2002) A meta-analytic examination of the relationship between child sexual abuse and eating disorders. *International Journal of Eating Disorders,* 31, 136–150.

Wonderlich, S.A., Crosby, R.D., Mitchell, J.E., Thompson, K.M., Redlin, J., Demuth, G., Smyth, J. and Haseltine, B. (2001) Eating disturbance and sexual trauma in childhood and adulthood. *International Journal of Eating Disorders,* 30, 401–412.

[14] Schore, A.N. (2003) *Affect Regulation and the Repair of the Self.* New York, Norton.

[15] Goleman, D. (1996) *Emotional Intelligence.* London, Bloomsbury. 我非常推荐这本书。本章中提到的内容在其中得到了充分讨论,并且简单易懂。

[16] Heinrichs, M., Baumgartner, T., Kirschbaum, C. and Ehlert, U. (2003). Social support and oxytocin interact to suppress cortisol and subjective responses to psychosocial stress. *Biological Psychiatry,* 54, 1389–1398.

[17] Damasio, A.R. and Dolan, R.J. (1999) *The Feeling of What Happens: Body and Emotion in the Making of Consciousness*. Boston, MA, Harcourt.

[18] 述情障碍（alexithymia）是指不能或难以用语言表达自己的感受。该例研究解释了述情障碍是进食障碍群体的一个共同问题。

De Zwaan, M., Bach, M., Mitchell, J.E., Ackard, D., Specker, S. M., Pyle, R.L. and Pakesch, G. (1995) Alexithymia, obesity and binge eating disorder. *International Journal of Eating Disorders*, 17, 135–140.

Pinaquy, S., Chabrol, H., Simon, C., Louvet, J.P. and Barbe, P. (2003) Emotional eating, alexithymia and binge eating disorder in obese women. *Obesity Research*, 11, 195–201.

Råstam, M., Gillberg, C., Gillberg, I.C. and Johansson, M. (1997) Alexithymia in anorexia nervosa: a controlled study using the 20-item Toronto Alexithymia Scale. *Acta Psychiatrica Scandinavia*, 95, 385–388.

Schmidt, U., Jiwany, A. and Treasure, J. (1993) A controlled study of alexithymia in eating disorders. *Comprehensive Psychiatry,* 34, 54–58.

[19] Colantuoni, C., Rada, P., McCarthy, J., Patten, C., Avena, N.M., Chadeayne, A. and Hoebel, B. G. (2002) Evidence that intermittent, excessive sugar intake causes endogenous opioid dependency. *Behaviour Modification,* 27, 478–488.

Will, M. J., Franzblau, E. B. and Kelley, A. E. (2003) Neucleus accumbens mu-opioids regulate intake of a high-fat diet via activation of a distributed brain network. *Journal of Neuroscience,* 23, 2882–2888.

Will, M. J., Franzblau, E. B. and Kelley, A. E. (2004) The amygdala is critical for opioid-mediated binge eating of fat. *Neuroreport,* 15, 1857–1860.

Wonderlich, S.A., Crosby, R.D., Mitchell, J.E., Thompson, K.M., Redlin, J., Demuth, G., Smyth, J. and Haseltine, B. (2001) Eating disturbance and sexual trauma in childhood and adulthood. *International Journal of Eating Disorders,* 30, 401–412.

[20] Dallman, M.F., Pecoraro, N.C. and la Fleur, S. E. (2005) Chronic stress and comfort foods: self-medication and abdominal obesity. *Brain, Behavior and Immunity,* 19, 275–280.

Epel, E., Lapidus, R., McEwen, B. and Brownell, K. (2001) Stress may add bite to appetite in women: a laboratory study of stress-induced cortisol and eating behaviour. *Psychoneuroendocrinology*, 26, 37–49.

Schoemaker, C., McKitterick, C.R., McEwen, B.S. and Kreek, M.J. (2002) Bulimia nervosa following psychological and multiple child abuse: support for the self-medication hypothesis in a population based cohort study. *International Journal of Eating Disorders*, 32, 381–388.

第 2 章

[1] 唐纳德·温尼科特是本书许多想法的奠基人。他是一名在伦敦工作的儿科医生，提出了关于母子关系重要性的相关理论，这在他所处的时代是激进的。我们可以通过他的著作了解他的想法和理念：Davis, M. and Wallbridge, D. (1981) *Boundary and Space: An Introduction to the Work of D.W. Winnicott.* London, Karnac。

[2] 特鲁比·金的方法引发了大量争议，同样还有克莱尔·维瑞特（Claire Verity）——她在英国提倡他的方法，但因宣称自己不曾拥有的资格而名声不佳。你可以通过搜索相关人名了解这些争论。

[3] 吉娜・福特也遵循特鲁比・金类似的策略，在 Mumsnet 网站上受到许多攻击。搜索吉娜・福特，也可以在网上找到相关信息。

[4] Wardle, A. (1997) *Consumption, Food and Taste.* London, Sage. 它以社会学的方法解释了英国的饮食习惯和饮食内容的变化。

[5] 英国心脏基金会网站 http://www.heartstats.org 提供了不同国家的对比，差异惊人。

第 4 章

[1] Bruch, H. (2001) *The Golden Cage: The Enigma of Anorexia Nervosa.* Cambridge, MA, Harvard University Press.

[2] Wing, R.R. and Phelan, S. (2005) Long term weight loss maintenance. *American Journal of Clinical Nutrition,* 82(1), 222S–225S. 这篇文章提出，一年里，大约 20% 的减肥人士通过临床有效的方式减去原体重的 10% 甚至更多，而 80% 的人则做不到。

第 5 章

[1] 这个网站可以帮助父母了解如何和青少年谈论性的相关

话题，同时青少年也可以点击浏览：http://parentingteens.
about.com/od/teensexuality/。搜索青少年性行为，你可以
找到许多有帮助的网站。

另有一本书或许可以提供参考：Basso, M.J. (2003) *Underground
Guide to Teenage Sexuality*, 2nd edn. Minneapolis, MN,
Fairview Press。

第 6 章

[1]　Lawrence, M. and Dana, M. (1990) *Fighting Food: Coping
with Eating Disorders*. London, Penguin.

第 7 章

[1]　Orbach, S. (2006) *Fat is a Feminist Issue*. London, Arrow
Books.

[2]　Chernin, K. (1994) *The Hungry Self*. London, Virago.

第 8 章

[1]　Vanderlinden, J. and Vandereycken, W. (1997) *Trauma,
Dissociation and Impulse Dyscontrol in Eating Disorders*.

Philadelphia, PA, Brunner/Mazel. 这些研究是首次提出儿童
期创伤的影响是进食障碍成因的相关文献之一。

第9章

以下是引用文献的一部分：

［1］ Grilo, C.M. and Masheb, R.M. (2001) Childhood
psychological, physical and sexual maltreatment in
outpatients with binge eating disorder: frequency and
associations with gender, obesity and eating-related
psychopathology. *Obesity Research,* 9, 320–325.

［2］ Grilo, C.M., Masheb, R.M., Brody, M., Toth, C., Burke-
Martindale, C. and Rothschild, B. (2005) Childhood
maltreatment in extremely obese male and female bariatric
surgery candidates. *Obesity Research,* 13(1), 123–130.

［3］ Gustafson, T.B. and Sarwer, D.B. (2004) Childhood sexual
abuse and obesity. *Obesity Reviews,* 5, 129–135.

［4］ Hulme, P.A. (2004) Theoretical perspectives on the health
problems of adults who experienced childhood sexual
abuse. *Issues in Mental Health Nursing,* 25(4), 339–361.

［5］ King, T.K., Clark, M.M. and Pera, V. (1996) History of sexual
abuse and obesity treatment outcome. *Addictive Behaviours,*

21(3), 283–290.

[6] Smolak, L. and Murnen, S.K. (2002) A meta-analytic examination of the relationship between child sexual abuse and eating disorders. *International Journal of Eating Disorders,* 31, 136–150.

[7] Vanderlinden, J. and Vandereycken, W. (1997) *Trauma, Dissociation and Impulse Dyscontrol in Eating Disorders.* Philadelphia, PA, Brunner/Mazel. 这些研究是首次提出儿童期创伤的影响是进食障碍成因的相关文献之一。

[8] Weiderman, M.W., Sansone, R.A. and Sansone, L.A. (1999) Obesity among sexually abused women: an adaptive function for some? *Women & Health,* 29(1), 89–100.

[9] Wonderlich, S.A., Crosby, R.D., Mitchell, J.E., Thompson, K.M., Redlin, J., Demuth, G., Smyth, J. and Haseltine, B. (2001) Eating disturbance and sexual trauma in childhood and adulthood. *International Journal of Eating Disorders,* 30, 401–412.

第 10 章

[1] S.C.Gilbert 和 J.K.Thompson（2002）对这些话题进行了详细的论述。广义的心理功能和进食障碍的关系可参见

Gilbert, P. and Miles, J. (2002) *Body Shame, Conceptualisation, Research and Treatment*. Hove, UK, Brunner Routledge。

[2] Cash, T.F. (2008) *The Body Image Workbook: An Eight Step Programme for Learning to Like your Looks*. Oakland, CA, New Harbinger.

[3] Longhurst, A. (2003) *Body Confidence*. London, Michael Joseph.

第 11 章

[1] 你也许可以从以下资源中找到有关男性进食障碍的有用信息。

"男性也有进食障碍（Men Get Eating Disorders Too）" 是英国一家致力于发展和宣传这个主题的慈善机构：http://www.mengetedstoo.co.uk。

B-eat 是英国主要的进食障碍慈善机构，前身为进食障碍协会（The Eating Disorders Association），其官网包括大量男性进食障碍的信息。B-eat 也是英国处理相关议题的最大的慈善机构。

Morgan, J. (2008) *The Invisible Man: A Self-help Guide for Men with Eating Disorders, Compulsive Exercise and Bigorexia*. Hove, UK, Routledge. 这是目前最有用的一本书。

Bryant Jefferies, R. (2005) *Eating Disorders in Men.* Abingdon, Radcliffe. 这本书适合人本主义导向的咨询师。不过，它有两大有趣的拓展案例学习——一个的主角是一名严重超重的男性，另一个的主角是一名厌食症男性——也许对你有帮助。

Langley, J. (2006) *Boys Get Anorexia Too: Coping with Male Eating Disorders in the Family.* 本书作者是一位母亲，她的儿子在 12 岁时患上了严重的厌食症。它是一位母亲衷心的感谢，同时包含许多有用的信息和相关经验的反思。

Paterson, A. (2004) *Fit to Die: Men and Eating Disorders.* Bristol, Lucky Duck.

[2] Hudson, J.I., Hiripi, E., Pope, H.G. and Kessler, R.C. (2007) The prevalence and correlates of eating disorders in the National Comorbidity Survey Replication. *Biological Psychiatry,* 61(3), 348–358.

[3] www.malehealth.co.uk 是一个很棒的网站。

[4] Pope, H., Olivardia, R., Gruber, A. and Borowiecki, J. (1999) Evolving ideals of male body image as seen through action toys. *International Journal of Eating Disorders*, 26, 65–72.

[5] Russell, C.J. and Keel, P.K. (2002) Homosexuality as a specific risk factor for eating disorders in men. *International Journal of Eating Disorders*, 31(3), 300–306.

[6] Leit, R.A., Gray, J.J. and Pope, H.G. (2002) The media's representation of the ideal male body: a cause for muscle dysmorphia. *International Journal of Eating Disorders*, 31(3), 331–338.

Mosley, P.E (2009) Bigorexia: body building and muscle dysmorphia. *European Eating Disorders Review*, 17(3), 191–198.

Olivardia, R. (2001) Mirror, mirror on the wall, who's the largest of them all. The features and phenomenology of muscle dysmorphia. *Harvard Review of Psychiatry*, 9(5), 254–259.

Pope, H.G., Phillips, K.A., Olivardia, R. and Olivar, R. (2002) *The Adonis Complex: The Secret Crisis of Male Body Obsession*. New York, Simon and Schuster.

[7] 如果你想讨论与你的进食行为相关的心理问题，你可能想选择一位男性咨询师，或是加入一个男性团体。参见第 12 章以了解相关信息。

延伸阅读

American Psychiatric Association (APA) (2000) *Diagnostic and Statistical Manual of Mental Disorders DSM-IV-TR*, 4th edition. Washington, DC, APA.

Bass, E. and Davis, L. (1988) *The Courage to Heal: A Guide for Women Survivors of Child Sexual Abuse*. London, Vermilion.

Bass, E. and Davis, L. (2003) *Beginning to Heal: A First Book for Men and Women Who Were Sexually Abused as Children*. New York, HarperCollins.

Basso, M.J. (2003) *Underground Guide to Teenage Sexuality*, 2nd edn. Minneapolis, MN, Fairview Press.

Bowlby, J. (2000a) *Attachment*. London, Basic Books.

Bowlby, J. (2000b) *Separation*. London, Basic Books.

Bowlby, J. (2000c) *Loss*. London, Basic Books.

Bowlby, J. (2005) *The Making and Breaking of Affectional Bonds*. London, Routledge.

Bruch, H. (2001) *The Golden Cage: The Enigma of Anorexia Nervosa*. Cambridge, MA, Harvard University Press.

Bryant Jefferies, R. (2005) *Eating Disorders in Men*. Abingdon, Radcliffe.

Buckroyd, J. and Rother, S. (2007) *Therapeutic Groups for Obese Women*. Chichester, Wiley.

Buckroyd, J. and Rother, S. (eds.) (2008) *Psychological Responses to Eating Disorders and Obesity*. Chichester, Wiley.

Button, E. (1993) *Eating Disorders: Personal Construct Therapy and Change*. Chichester, Wiley.

Cash, T.F. (2008) *The Body Image Workbook: An Eight Step Programme for Learning to Like your Looks*, 2nd edn. Oakland,

CA, New Harbinger.

Chernin, K. (1986) *The Hungry Self: Women, Eating and Identity.* London, Virago.

Conner, M. and Armitage, C.J. (2002) *The Social Psychology of Food.* Buckingham, Open University Press.

Cooper, M. and McLeod, J. (2010) *Pluralistic Counselling and Psychotherapy.* London, Sage.

Cooper, P. (2009) *Bulimia Nervosa and Binge Eating: A Self-help Guide Using Cognitive Behavioural Techniques.* London, Robinson.

Dokter, D. (ed.) (1994) *Arts Therapies and Clients with Eating Disorders.* London, Jessica Kingsley Publishers.

Fairburn, C. (1995) *Overcoming Binge Eating.* New York, Guilford Press.

Fairburn, C. (2008) *Cognitive Behaviour Therapy for Eating Disorders.* New York, Guilford Press.

Fairburn, C.G. and Bohn, K. (2005) Eating Disorder NOS (EDNOS): an example of the troublesome category 'not otherwise specified' (NOS) category in DSM-IV. *Behaviour Research and Therapy,* 43(6) 691–670.

Fairburn, C.G., Cooper, Z., Bohn, K., O'Connor, M., Doll, H. A. and Palmer, R.L. (2007) The severity and status of Eating Disorder NOS; Implications for DSM V, *Behaviour Research and Therapy,* 45(8), 1705–1715.

Gerhardt, S. (2004) *Why Love Matters: How Affection Shapes a Baby's Brain.* Hove, UK, Brunner Routledge.

Gilbert, S. (2000) *Counselling for Eating Disorders.* London, Sage.

Goleman, D. (1995) *Emotional Intelligence.* New York, Bantam.

Harris. T.A. (1995) *I'm OK – You're OK.* London, Arrow Books.

Hornyak, L. and Baker, E. (1989) *Experiential Therapies for Eating Disorders.* New York, Guilford Press.

Jacob, F. (2001) *Solution Focused Recovery from Eating Distress.* London, BT Press.

Kayrooz, C. (2001) *Systemic Treatment of Bulimia Nervosa*. London, Jessica Kingsley Publishers.

Langley, J. (2006) *Boys Get Anorexia Too: Coping with Male Eating Disorders in the Family*. London, Paul Chapman.

Lawrence, M. and Dana, M. (1990) *Fighting Food: Coping with Eating Disorders*. London, Penguin.

Leach, K. (2006) *The Overweight Patient: A Psychological Approach to Understanding and Working with Obesity*. London, Jessica Kingsley Publishers.

Lock, J., Agras, S., LeGrange, D. and Dare, C. (2002) *Treatment Manual for Anorexia Nervosa: A Family-based Approach*. New York, Guilford Press.

Logue, A.W. (2004) *The Psychology of Eating and Drinking*. New York, Brunner-Routledge.

Longhurst, A. (2003) *Body Confidence*. London, Michael Joseph.

McLeod, J. (2007) *Counselling Skill*. Maidenhead, Open University Press.

Miller, K. and Mizes, J.S. (2000) *Comparative Treatments of Eating Disorders*. London, Free Association Books.

Milos, G., Spindler, A., Schnyder, U. and Fairburn, C.G. (2005) Instability of eating disorder diagnoses: prospective study. *British Journal of Psychiatry*, 187, 573–578.

Morgan, J. (2008) *The Invisible Man: A Self-help Guide for Men with Eating Disorders, Compulsive Exercise and Bigorexia*. Hove, UK, Routledge.

National Institute of Health and Clinical Excellence (NICE) (2004) *Core Interventions in the Treatment and Management of Anorexia Nervosa, Bulimia Nervosa and Related Eating Disorders*. London, NICE.

National Institute of Health and Clinical Excellence (NICE) (2006) *Obesity: The Prevention, Identification, Assessment and Management of Overweight and Obesity in Adults and Children*. London, NICE.

Ogden, J. (2003) *The Psychology of Eating*. Oxford, Blackwell.

Orbach, S. (2010) *Bodies*. London, Profile Books.

Orford, J. (2001) *Excessive Appetites: A Psychological View of Addictions*, 2nd edn. Chichester, Wiley.

Paterson, A. (2004) *Fit to Die: Men and Eating Disorders*. Bristol, Lucky Duck.

Pipher, M. (1995) *Reviving Ophelia: Saving the selves of Adolescent Girls*. New York, Ballantine.

Prior, V. and Glaser, D. (2006) *Understanding Attachment and Attachment Disorders*. London, Jessica Kingsley Publishers.

Rabin, M. (2003) *Art Therapy and Eating Disorders: The Self as Significant Form*. New York, Columbia University Press.

Schmidt, U. and Treasure, J. (1997) *Getting Better Bit(e) by Bit(e): A Survival Kit for Sufferers of Bulimia Nervosa and Binge Eating Disorder*. Hove, UK, Psychology Press.

Schore, A.N. (2003) *Affect Regulation and the Repair of the Self*. New York, Norton.

Schwartz, M.F. and Cohn, L. (eds.) (1996) *Sexual Abuse and Eating Disorders*. Bristol, Brunner/Mazel.

Sroufe, L.A. (1995) *Emotional Development: The Organization of Emotional Life in the Early Years*. Cambridge, Cambridge University Press.

Treasure, J., Smith, G. and Crane, A. (2007) *Skills Based Learning for Caring for a Loved One with an Eating Disorder: The New Maudsley Method*. London, Routledge.

Vanderlinden, J. and Vandereycken, W. (1997) *Trauma, Dissociation and Impulse Dyscontrol in Eating Disorders*. Philadelphia, PA, Brunner/Mazel.

Wardle, A. (1997) *Consumption, Food and Taste*. London, Sage.

World Health Organisation (WHO) (1993) *The ICD-10 Classification of Mental and Behavioural Disorders*. Geneva, WHO.

Zerbe, K.J. (2008) *Integrated Treatment of Eating Disorders: Beyond the Body Betrayed*. New York, Norton.

译后记

在我的成长经历里，尤其是青春期时，我似乎就是一个要比较费力才能与食物搞好关系的人，所以在后来学习心理学的这些年里，无论是与其他人交流时聊到相关话题，还是在各类临床咨询实践中遇到不少与进食行为相关的案例，都让我颇为感慨。特别是，自2014年开始运营自己的咨询工作室——心理圆心理咨询工作室以来，基于咨询案例数据的统计验证，更加深了我的这一感受：有越来越多的人被食物所困扰，即使其中很大一部分并不能被诊断为进食障碍。

为此，我们还在咨询设置中做了一个小小的改变。我们在首次咨询的访谈框架里增加了进食行为描述的自我评定，并在之后的咨询工作过程中也鼓励咨询师与来访者有更多关于进食行为的询问与对话。并且，在完成本书翻译之时，我专门统计了过去两年间心理圆心理咨询工作室的临床咨询记录，再与更早些年的记录进行对比，发现临床来访存在更多紊乱的进食习惯。这些来访者的进食行为，虽然不一定满足严格的进食障碍诊断标准，但确实给他们的生活带来了很大甚至是淹没性的影响。而这也正是作者在书中所提到的因为"失调的进食行为"而痛苦万分的一群人。

我和我的同事们经常会就这个问题进行交流和讨论。我们有一个共同的发现，那就是尽管在大多数情况下，来访者并非因为这个议题而来——他们会因为其他各种问题求助心理咨询，但我们总是能在他们身上发现很多相似甚至教科书般相同的症状与故事。其中有大量案例表现在青少年抑郁来访者中，他们首先被察觉的问题是不肯去学校上课或因为专注力下降导致学业成绩不良，但随着咨询进展与咨询关系的深入，我们发现很多人存在紊乱的进食习惯，主要表现为暴饮暴食之后催吐或吃减肥药，只吃沙拉或肯德基、麦当劳（一个看似极度健康，另一个看似非常不健康，其实就强迫行为的本质来说是一样的）。这些习惯给他们带来了巨大的心理压力：自我挫败、自我责备，甚至自我羞辱。这些都和本书的观点一致：很多紊乱的进食行为都没有得到应有的重视，除非严重到危及生命或明显到被专业人士发现，大多数人其实并不会就自己紊乱的进食行为来见咨询师。

另一个有意思的发现是，有些看似明显因为进食问题而来的来访者，最终探讨的议题往往指向自尊感与价值感问题。他们因为无法很好地掌控自己的生活，或因为早期没有发展出较好的应对方式，大多数时候转向用食物来自我慰藉。久而久之，这种与食物的失衡关系又将他们带进了消极情绪的黑洞。有些人可能执着于确定哪些是因、哪些是果，但事实上，现在看起来更像是相互促进、相互成为。

此外，正如作者在本书中一再提到的，相比男性，女性因为进食问题前来寻求帮助的比例更高。我们的社会文化对女性角色往往有着几乎苛刻的要求，那些广告上的明星照片很容易让人对自己的身材和体重感到忧心忡忡，特别是媒体大肆宣扬女明星产后状态轻松、身形纤细，仿佛是去超市采购了一个婴儿回来，让人产生一种内化假设，觉得这才是生活本来的模样，自己的身材与状态也"应该"是这样的。所以，产后抑郁有个很大的议题就是"拿你怎么办，我的身材"。当然，这并不意味着男性就不存在进食问题。事实上，这样的认知可能是因为更少有男性来寻求帮助，也可能因为我们的文化不鼓励男性表现出脆弱，觉得那是弱者的表现。

回到那些因进食问题而来的来访者，或者那些因情绪问题而来却发现存在紊乱的进食行为的来访者身上。我发现，他们中很多是"80 后"与"90 后"。从整个时代背景来看，这或许是因为他们的抚养者有着饥饿记忆。正如作者在书中所说，食物是在近几十年才变得富足的，因为那些饥饿记忆，父母在养育的过程中不自觉就会过度喂养，以至于孩子不太能分清自己是真的饿了还是单纯的习惯性进食。

而从家族传承与治疗的角度来说,原生家庭对我们产生了不可磨灭的深刻影响。小时候,我们和家人一起享用一日三餐。你还记得是怎么吃的,都吃了些什么吗?你们会聊天吗?都会说些什么呢?每个家庭的传统不同,而这些在长大以后继续影响着一个人的进食行为,也或许远远不只是进食行为。

那么,作为进食行为的主人,我们的自我又扮演了什么样的角色?从自我而言,身体认同自青春期开始就是自我身份认同的重要部分,它不仅影响着我们的心理和社交,还和进食行为密不可分。举个例子,很多时候我们会看到遭遇校园霸凌的孩子同时存在肥胖问题。也许有人不太能理解,又高又壮怎么会被人欺负?而事实上,肥胖有时会让一个人自尊感低下。从某种意义上来说,进食行为从不仅仅是行为本身,它的含义要远比我们所知的更丰富。

在本书的翻译过程中,我仿佛跟随作者完成了一段自我觉察的旅程。这不仅是出于个人兴趣,也越来越有感于当前社会文化下难以为人觉察和难以与公众探讨的对食物的态度。我在给大学生们的心理健康科普讲座框架和主题设计里,会有意识地加入情绪性进食及相关主题,来呼吁大家关注。让我特别开心也特别欣慰的是,在上海音乐学院这种艺术类院校,在进入讲座正题之前的简单调研中,很多学生早已觉察到自己的亚健康习惯背后有着强大的心理因素推动。

正是因为人们越来越愿意正视情绪问题,即使未必会因为失调的进食行为第一时间求助心理咨询师，但人们的态度正在发生改变，也越来越愿意主动思考背后的意义。距离作者完成本书的那些年里，其实发生了很多改变与进展。以我所生活的城市上海为例，上海市精神卫生中心就设置了专门的进食障碍病房，并且让我感到惊喜的是，病房不仅仅提供药物治疗，而且已经结合了很多家庭治疗、认知行为治疗等心理治疗部分的介入。

对于那些未能被诊断为进食障碍的人——当然，这可能才是大多数人的情况，我们也可以为自己做些事情，来自我调整与自我关照。比如，在校学生可以直接向学校心理咨询中心寻求帮助，社会上也有许多靠谱的平台可以找到擅长相关议题的心理咨询师来探讨并厘清自己的困扰。

无论你是一位专业人士，还是一个普通人，我相信这本关于食物与情绪的书都能为你及时觉察、识别与解决问题提供新的视角与理解，并且有助于你的日常生活，让你有所启发，找到更好、更合适的应对方式来过好每一天。

王巍霓

2020 年 5 月

图书在版编目(CIP)数据

吃掉情绪?:和食物的斗争/(英)茱莉亚·巴克
罗伊著;王巍霓译.—上海:格致出版社:上海人民
出版社,2020.7(2022.2重印)
ISBN 978 - 7 - 5432 - 3121 - 4

Ⅰ.①吃… Ⅱ.①茱… ②王… Ⅲ.①饮食-应用心
理学 Ⅳ.①TS972.1

中国版本图书馆 CIP 数据核字(2020)第 065396 号

责任编辑 程筠函
装帧设计 陈绿竞

吃掉情绪? ——和食物的斗争
[英]茱莉亚·巴克罗伊 著 王巍霓 译

出 版 格致出版社
上海人 & 出版社
(201101 上海市闵行区号景路 159 弄 C 座)
发 行 上海人民出版社发行中心
印 刷 上海盛通时代印刷有限公司
开 本 890×1240 1/32
印 张 8.25
插 页 2
字 数 158,000
版 次 2020 年 7 月第 1 版
印 次 2022 年 2 月第 2 次印刷
ISBN 978 - 7 - 5432 - 3121 - 4/B·43
定 价 48.00 元

Julia Buckroyd
Understanding Your Eating: How to Eat and Not Worry about It
ISBN 978-0-335-24197-2
Copyright © Julia Buckroyd 1989, 1994, 2011

All rights reserved. No part of this publication may be reproduced or transmitted in any form or by any means, electronic or mechanical, including without limitation photocopying, recording, taping, or any database, information or retrieval system, without the prior written permission of the publisher.

This authorized Chinese translation edition is jointly published by McGraw-Hill Education and Truth & Wisdom Press. This edition is authorized for sale in the People's Republic of China only, excluding Hong Kong, Macao SAR and Taiwan.

Copyright © 2020 by McGraw-Hill Education and Truth & Wisdom Press.

版权所有。未经出版人事先书面许可，对本出版物任何部分不得以任何方式或途径复制或传播，包括但不限于复印、录制、录音，或通过任何数据库、信息或可检索的系统。

本授权中文简体字翻译版由麦格劳—希尔教育出版公司和格致出版社合作出版。此版本未经授权仅限在中华人民共和国境内（不包括香港特别行政区、澳门特别行政区和中国台湾地区）销售。

版权 © 2020 由麦格劳—希尔教育出版公司和格致出版社所有。

上海市版权局著作权合同登记号：09-2017-520